U0161486

One Two Three
... Infinity

从一到无穷大

George Gamow

［美］乔治·伽莫夫 著

阳曦 译

云南出版集团

云南人民出版社

果麦文化　出品

献给我的儿子伊戈尔

他是个想当牛仔的小伙子

目录

"时候到啦，"海象开口说，

"聊聊天下事……"

——刘易斯·卡罗尔《爱丽丝镜中奇遇》

前言

　　譬如原子、恒星、星云、熵和基因；譬如人能不能弯曲空间，火箭为什么会缩短。是的，在这本书里，我们将讨论以上所有问题，以及其他很多同样有趣的东西。

　　我之所以想写这样一本书，是为了尽可能地搜集现代科学中最有趣的事实和理论，从微观到宏观，为读者描绘一幅全面的宇宙图景，让他们知道如今科学家眼里的世界是什么样子。为了实现这个宏伟的计划，我不打算完整地介绍每一套理论，否则这本书势必变成多卷本的百科全书；不过与此同时，我挑选主题的标准是尽量覆盖基础科学知识的方方面面，不留下任何死角。

G. 伽莫夫

1946 年 12 月 1 日

第一章 | 大 数

你想写多大的数就能写多大，对今天的我们来说，这样的想法早已深入人心。

数字游戏

传说印度的舍罕王打算重赏象棋的发明和进贡者——宰相西萨·本·达希尔。这位聪明的大臣提出了一个看起来十分谦逊的要求。"陛下，"他跪在国王身前说道，"请在棋盘的第一个格子里放一粒麦子，第二个格子放两粒，第三个格子放四粒，第四个格子放八粒。每个格子里的麦子数量是前一个格子的两倍，这样填满整张棋盘的 64 个格子。噢，我的王，这就是我要的奖赏。"

"哦，我忠诚的仆人，你要的的确不多。"国王暗自得意。象棋太神奇了！为了奖励这个游戏的发明者，他做出了慷慨的姿态，最后却所费不多，真是皆大欢喜。于是他说："你的要求当然会得到满足。"然后他命令卫士送来了一袋麦子。

不过等到他们真正开始数的时候——第一格内放

一粒麦子，第二格内放两粒，第三格内放四粒，以此类推——还没填满二十个格子，袋子就空了。卫士们送来了一袋又一袋麦子，但每个格子需要的麦粒数量增长得太快，没过多久国王就明白过来：全印度的庄稼加起来都不够发放他许给西萨·本·达希尔的奖赏。要填满64个格子，他们一共需要 18 446 744 073 709 551 615 粒麦子，约等于全世界 2000 年的小麦总产量！

大数

你想写多大的数就能写多大，对今天的我们来说，这样的想法早已深入人心——哪怕你想以分为单位记录战争支出，或者以英寸为单位测量恒星间的距离，也只需要在数字的最右侧加无数个零而已。你可以写零一直写到手酸，不经意间你就能得到一个比宇宙中原子总数量还大的数字——顺便说一下，这个数是 300,000,000,000,000,000,000,000,000,000,000,000,000,000,000,000,000,000,000,000,000,000,000,000,000,000,000,000。

或者你可以把它简写成 3×10^{74}。

小小的数字"74"位于"10"的右上角，它代表的是"3"后面有多少个 0，换句话说，这个数等于 3 乘以 10 的 74 次方。但古人不懂这套"简易记数法"。事实上，科学记数法诞生还不到 2000 年，它的创造者是一位佚名的印度数学家。对古人来说，那些特别大的数字都是"不可数"的，只能简单地概括成"很多"！

公元前3世纪，著名科学家阿基米德提出过一种描述极大数字的方法。他在《数沙者》一书中写道：

"有人认为沙子的数量多得数不清；我说的不仅仅是锡拉丘兹或者整个西西里岛的沙子，而是地球上有人或无人居住的所有地方的所有沙子。另一些人并不这样认为，但他们觉得我们想不出一个足够大的数字来描述地球上的沙子数量。这些人显然也同样觉得，如果有一个和地球一样大的沙堆，而且地面上所有的海洋和盆地都已被沙子填满堆高，一直堆到和最高的山峰齐平，那么我们更不可能想出办法来描述这个沙堆中所有沙子的数量。但现在我想说的是，我的方法不仅能描述地球上所有沙子的数量，或者刚才那个大沙堆中的沙子数量——哪怕有个宇宙那么大的沙堆，我们也能准确描述它拥有多少沙子。"

阿基米德在这本著作中介绍的描述极大数字的方法和我们今天的科学记数法十分相似。他先是采用了古埃及算术中最大的数字"万"，然后引入了一个新数"万万"（亿）作为二级单位，以此类推，"亿亿"是三级单位，"亿亿亿"是四级单位……

今天的我们或许觉得这样的记数法过于琐碎，描述一个数可能要花费好几页的篇幅，但在阿基米德那个时代，这种描述大数字的方法的确是个大发现，也是古人探索数学的重要一步。

无穷大有多大

上一节中我们讨论了数字，其中很多数字相当大。尽管这些数字界的巨无霸（例如西萨·本·达希尔要求的麦粒数量）大得超乎想象，但它们依然是有限的，只要有足够的时间，你总能将它数到最后一位。

但世界上还有一些真正"无穷大"的数字，无论你花多少时间都写不完。比如说，"所有数字的数量"显然无穷大，同样的还有"一条线上所有几何点的数量"。除了"无穷大"以外，你还能用什么办法来描述这样的数字？或者说，我们能不能比较两个不同的"无穷数"，看看它们谁"更大"？

"所有数字的数量和一条线上所有几何点的数量，这两个数到底哪个大？"我们能这样问吗？著名数学家格奥尔格·康托尔头一次认真审视了这些被视作异想天开的问题，他是当之无愧的"无穷数学"奠基者。

要比较"无穷数"的大小，我们首先会遇到一个问题：这些数字我们既无法描述，也无法数清。康托尔提出：我们可以对两组无穷数进行配对，每个集合里的一个元素分别对应另一个集合里的一个元素，如果最后它们正好一一对应，任何一个集合都没有多余的元素，那么这两个数的大小相等；但是，如果两组无穷数无法一一对应，某个集合中存在无法配对的剩余元素，那么我们可以说，这个集合的无穷数更大，或者更强。

这显然是最合理的办法，事实上，要比较无穷大的数字，我们也只有这个办法；但是，如果你真的打算采用这种办法，那你得做好大吃一惊的准备。比如说，奇数的数量和偶数的数量都是无穷大，我们先来比较一下这两个无穷数。当然，出于直觉，你肯定认为这两个数相等，它们也完全符合我们刚才描述的规律，奇数和偶数可以列成一对一的组合：

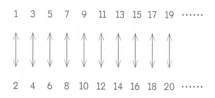

在这张表格中，每个偶数都有一个对应的奇数，反之亦然；因此，奇数的数量和偶数的数量是两个相等的无穷数。看起来真的非常简单自然！

不过，请稍等一下。下面两个数你觉得哪个更大：所有数字的数量（包括奇数和偶数）和偶数的数量？你当然会说，肯定是所有数字的数量更大，因为除了偶数以外，它还包含了奇数。不过这只是你的直觉，要找到准确答案，你得严格按照我们上面描述的方法来比较这两个无穷数。这样一来，你会惊讶地发现，你的直觉错了。事实上，所有数字的集合和只有偶数的集合也能做成一张一一对应的表格：

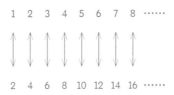

　　根据无穷数的比较规则，我们只能说，偶数的数量和所有数的数量是两个相等的无穷数。这听起来当然很矛盾，因为偶数只是所有数字的一部分，但我们必须记住，这里讨论的是无穷数，所以我们只能做好准备，直面它们的古怪特性。

　　事实上，在无穷数的世界里，部分可能等于整体！这方面最好的例子大概是德国数学家大卫·希尔伯特讲的一个故事。据说希尔伯特曾在开讲座的时候这样描述无穷数的矛盾特性：

　　我们不妨想象一家旅馆，它的房间数量是有限的。现在所有房间都住满了，一位新来的客人想要一个房间。"对不起，"店主回答，"但我们已经客满了。"接下来，我们再想象一家拥有无穷多个房间的旅馆，所有房间同样住满了。这家旅馆也来了一位想住店的新客人。

　　"当然可以！"店主热情地喊道。于是他将原来住在一号房的客人挪到二号房，二号房的客人挪到三号房，三号房的挪到四号房，以此类推……最后新客人住进了刚刚腾出来的一号房。

现在我们继续想象，一家旅馆拥有无穷多个房间，现在来了无穷多个想住店的新客人。

"没问题，先生们，"店主回答，"稍等一下。"

他让一号房的客人挪到二号房，二号房的客人挪到四号房，三号房的客人挪到六号房，以此类推……

现在所有奇数号的房间都空了出来，新来的无穷多位客人轻轻松松就安置了下来。

这个故事抓住了问题的重点：无穷大的数字的确拥有一些不同于普通数字的古怪特性。

根据康托尔的"无穷数比较法则"，我们现在还能证明分数（例如 3/7 或者 735/8）的数量等于整数的数量。事实上，我们可以根据如下规则将所有分数排成一行：先写下分子与分母之和等于 2 的分数，这样的分数只有一个：1/1；然后写下分子分母之和等于 3 的分数：2/1 和 1/2；接下来是分子分母和为 4 的：3/1、2/2、1/3。以此类推，最终我们将得到一个包含了所有分数的无限长的数列。现在，我们在这个数列上方写下整数数列，让这个数列中的每个项和分数数列一一对应。最后你会发现，分数的数量和整数的数量相等！

第二章

自然数字和人造数字

人们尝试用数字去做各种事情，然后得到一些结果，由此形成理论。

数论

迄今为止，数学领域内仍有一套庞大的体系一直坚守着"无用"的高贵地位，它唯一的作用就是帮助人们锻炼智力，这样的超然绝对配得上"纯粹之王"的桂冠。这套体系就是所谓的"数论"（这里的"数"指的是整数），它是最古老、最复杂的理论数学思想之一。

事实上，数论的绝大多数命题来自实践——人们尝试用数字去做各种事情，然后得到一些结果，由此形成理论。这样的过程和物理学别无二致，只不过物理学家尝试的对象是现实中的物体而非理论化的数字。数论和物理学还有一个相似之处：它的某些命题得到了"数学上"的证明，但另一些命题仍停留在经验主义的阶段，等待着最杰出的数学家去证明。

我们不妨以"质数问题"为例。质数指的是不能被比它小的数字（除了1以外）整除的数，如3、5、7、11、13、17 等。而 12 就不是质数，因为它可以表示为 $2 \times 2 \times 3$。

质数的个数是无限的吗？还是说存在一个最大的质数，比它大的任何数字都可以表示为已有质数的乘积？首先提出这个问题的正是欧几里得本人，他以一种简单而优雅的方式证明了质数有无穷多个，所以并不存在所谓的"最大质数"。

为了验证这个命题，我们暂且假设质数的个数是有限的，并用字母 N 来代表已知最大的质数。现在，我们将所有质数相乘，最后再加1，数学式如下：

$$(1 \times 2 \times 3 \times 5 \times 7 \times 11 \times 13 \times \cdots\cdots \times N) +1$$

这个数学式得出的结果当然比所谓的"最大质数"N 大得多，但是，这个数显然不能被任何一个质数（最大到 N 为止）整除，因为它是用上面这个数学式构建出来的；根据这个数学式，我们可以清晰地看到，无论用哪个质数去除它，最后必然得到余数1。

因此，我们得到的这个数字要么是个质数，要么能被一个大于 N 的质数整除，无论哪个结果都必将推翻我们最初的假设：N 是最大的质数。

我们刚才采用的证明方法叫作"反证法"，它是数学家最爱的工具之一。

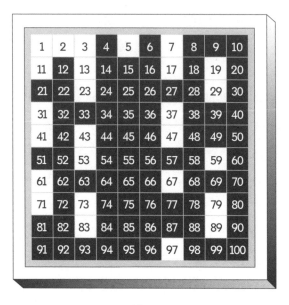

图 1

质数的数目是无限的

既然我们知道质数有无穷多个，那么不妨问问自己：有没有什么简单的办法能将所有质数按照顺序一个不漏地列出来呢？古希腊哲学家、数学家埃拉托斯特尼首次提出了解决这个问题的办法，我们称之为"筛选法"。你只需要写下所有整数：1，2，3，4……然后筛出 2 的所有倍数，再筛出 3 和 5 的所有倍数，以此类推，继续筛出所有质数的倍数。埃拉托斯特尼筛选 100 以内所有质数的示意图请见图 1，这些数字共有 26 个。利用这种简单的筛选法，我们已经列出了 10 亿以内的质数表。

要是能列出一个公式来自动寻找所有质数（而且只有质数），那岂不是更快、更简单？然而数学家琢磨了十几个世纪，依然没有找到这样的公式。1640 年，法国著名数学家费马提出了一个公式，他认为用这个式子算出的结果都是质数。

费马的公式是这样的：$2^{2^n}+1$，其中 n 代表自然数，例如 1、2、3、4 等等。

利用这个公式，我们可以得出如下结果：

$$2^2+1=5$$
$$2^{2^2}+1=17$$
$$2^{2^3}+1=257$$
$$2^{2^4}+1=65537$$

事实上，这几个数的确都是质数。不过大约一个世纪以后，德国数学家欧拉却发现，按照费马的公式得出的第五个数（$2^{2^5}+1=4294967297$）不是质数，事实上，这个数等于 6700417 和 641 的乘积，费马计算质数的经验公式也因此被证伪了。

另一个能够算出大量质数的重要公式如下：

$$n^2-n+41$$

这个公式中的 n 同样是自然数。我们将 1 到 40 的自然数代入这个公式，得到的结果都是质数，但不幸的是，这个式子走到第 41 步的时候栽了个跟头。

事实上，

$$41^2-41+41=41^2=41 \times 41$$

这是一个平方数，不是质数。

我们再介绍一个试图寻找质数的公式：

$$n^2-79n+1601$$

这个质数公式适用于 79 以内的自然数，但被 80 打败了！

所以我们直到现在都没能列出一个只能算出质数的通用公式。

数论中还有一个既没被证明也没被证伪的有趣问题，人称"哥德巴赫猜想"。这个猜想是在 1742 年被提出的，它宣称任何一个偶数都能表示为两个质数之和。不用费多少力气你就会发现，对于一些简单的数字，这个猜想完全成立，比如说，12=7+5，24=17+7，32=29+3。然而数学家耗费了无数心血，却依然无法完全证实这个猜想，与此同时，他们也找不出任何一个反例。1931 年，苏联数学家施尼雷尔曼朝验证哥德巴赫猜想的目标迈出了建设性的一步。他证明了任何一个偶数都能表示为不多于 300000 个质数之和。30 万个质数和 2 个质数之间的确存在巨大的鸿沟，另一位苏联数学家维诺格拉多夫又将证明的结果进一步推进到了"4 个质数之和"。但是，维格拉多夫的"4 个质数"离哥德巴赫的"2 个质数"还有最后的两步，看来这两步才最难走，要最终证明或证伪这个难题，谁也说不清到底需要多少年或者多少个世纪。

如此说来，要得出一个能够自动推出任意大质数的公式，我们距离这个目标似乎还很遥远，确切地说，我们甚至无法确定这样的公式是否存在。

所以现在，我们或许可以转而思考另一个谦逊一点的问题：在某个给定的数字区间内，质数所占的百分比是多少？随着数字的增大，这个百分比是否大致保持恒定？如果不是的话，那么它是上升还是下降？为了回答这个问题，我们不妨试着数一数质数表中的数字。通过这种方式，我们发现 100 以下的质数共有 26 个，1000 以下的质数有 168 个，1000000 以下的有 78498 个，1000000000以下的有 50847478 个。我们可以将相应区间内的质数个数列成下表：

区间 1~N	质数个数	比例	1/lnN	偏差（%）
1~100	26	0.260	0.217	20
1~1000	168	0.168	0.145	16
1~10^6	78498	0.078498	0.072382	8
1~10^9	50847478	0.050847478	0.048254942	5

根据这张表格，首先我们可以看出，随着整数越来

越多，质数在所有数字中所占的比例越来越小，但并不存在所谓的最大质数。

数字越大，质数出现的频率就越低，我们能不能用一个简单的数学式来表达这样的趋势呢？答案是肯定的，描述质数平均分布的定理是整个数学领域最重要的发现之一，它可以简单地表达为：从1到大于1的任意自然数 N 的区间内，质数所占的百分比约等于 N 的自然对数的倒数。N 越大，这个式子得出的结果就越精确。

你可以在上页这张表格的第四列找到 N 的自然对数。比较一下第三列和第四列的数字，你会发现二者的确十分相近，而且 N 越大，两列数字的偏差就越小。

和数论领域的其他很多命题一样，质数定理最初是在实践中被发现的，而且在很长一段时间里，我们并没有找到任何可以支持它的严格的数学证据。直到 19 世纪末，法国数学家阿达马和比利时数学家德拉瓦莱·普森才终于成功地证明了这一定理，不过他们采用的方法过于繁难，我们在此暂且略过。

费马大定理

要讨论整数，费马大定理是个绕不开的话题，它代表着与质数性质全然无关的另一类数学问题。费马大定理的根源可以追溯到古埃及时期，那时候的每个好木匠都知道，如果一个三角形的边长之比是 3：4：5，那它必然包含一个直角。事实上，古埃及人利用这样的三角形来充当木匠的三角尺，所以今天的我们称之为"埃及三角形"。

公元 3 世纪，亚历山大的丢番图开始进一步探索这个问题。他想知道，除了 3 和 4 以外，是否还有另外两个整数的平方和正好等于第三个整数的平方。他的确找到了性质和"3、4、5"完全相同的其他数字组合（事实上，这样的组合有无穷多个），并给出了寻找这类组合的通用规则。现在，这种三条边的长度都可表达为整数的直角三角形被称为"毕达哥拉斯三角形"，埃及三角形是人类发现的第一个毕达哥拉斯三角形。构建毕达哥拉斯三角形的过程可以简单地概括为一个数学式：

$$x^2 + y^2 = z^2$$

其中 x、y 和 z 都必须是整数。

1621 年，皮埃尔·费马在巴黎买了一本丢番图著作《算术》的法语新译本，其中就有关于毕达哥拉斯三角形的内容。读到这里的时候，费马在页边写了一条简短的笔记，他提出，方程 $x^2 + y^2 = z^2$ 有无穷多组整数解，但对于

$$x^n + y^n = z^n$$

这样的方程，如果 n 大于 2，那么该方程无解。

"我有一个绝妙的办法可以证明这一点，"费马继续写道，"但这一页的页边太窄了，实在写不下。"

费马死后，人们在他的藏书室里找到了丢番图的著作，费马在页边留下的这条笔记也因此变得举世皆知。三个多世纪以来，各国最优秀的数学家一直试图重现费马写下笔记时所想的证明过程，但迄今仍未成功。不过确切地说，数学界在这个问题上已经取得了长足的进展，为了证明费马大定理，他们甚至发展出了一门全新的数学分支，也就是所谓的"理想论"。欧拉证明了方程 $x^3+y^3=z^3$ 和 $x^4+y^4=z^4$ 不可能有整数解；狄利克雷又证明了 $x^5+y^5=z^5$ 没有整数解，再加上其他几位数学家的努力，目前我们已经确认，只要 n 小于 269，这个方程都没有整数解。但目前（截至作者成书年代）我们仍未找到 n 为任意值的通用解，越来越多的人开始怀疑，费马本人可能根本没有证明这一猜想，或者是他弄错了。为了证明费马大定理，甚至有人提供了 10 万德国马克的悬赏，于是这个数学问题变得更加炙手可热，但所有试图淘金的业余爱好者最终都无功而返。

当然，费马大定理可能是错的，也许我们能找到一个反例，证明两个整数的高次幂之和等于第三个整数的同一次幂。不过事到如今，这个 n 必然大于 269，要找到它可不容易。

神秘的 $\sqrt{-1}$

现在我们来做一点高级算术。2 的平方等于 4，3 的平方是 9，4 的平方是 16，5 的平方是 25，因此 4 的平方根等于 2，9 的平方根是 3，16 的平方根是 4，25 的平方根是 5。

但负数的平方根又该是什么呢？$\sqrt{-5}$ 和 $\sqrt{-1}$ 这样的数学式有何意义？

若要寻找一个合理的解释，你会毫不犹豫地得出结论：上述数学式完全没有意义。用 12 世纪数学家布拉敏·婆什迦罗的话来说："正数的平方和负数的平方都是正数，因此正数的平方根有两个，其一为正，其二为负。负数没有平方根，因为任何数的平方都不会是负数。"

但数学家都是顽固的家伙，如果某种完全没有意义的东西反复出现在他们的方程里，他们就会想方设法，试图赋予它意义。负数的平方根就是这么个讨厌的家伙，无论是在古代数学家苦苦思索的简单算术问题里，还是在 20 世纪相对论框架下时空统一的方程中，你总能看见它的身影。

第一位将看似无意义的负数平方根列入方程的勇者是 16 世纪的意大利数学家卡尔达诺。当时他试图将数字 10 拆成两个部分，使二者的乘积等于 40。卡尔达诺指出，尽管这个问题没有合理的解，但从数学上说，它的答案可以写成两个看似不可能的表达式：

$$5+\sqrt{-15} \text{ 和 } 5-\sqrt{-15}$$

尽管卡尔达诺认为这两个数学式没有意义，完全出于幻想和虚构，但他还是把它们写了下来。

既然有人不惮背负虚构之名，写下负数的平方根，那么将10拆分成两个乘积等于40的部分，这个问题也就有了解。"负数的平方根"这块坚冰被打破了，人们从卡尔达诺使用的修饰词中挑了一个来给这样的数命名，所以现在它被称为"虚数"。自从虚数诞生以后，数学家开始越来越频繁地使用这个概念，虽然在用的时候他们常常表现得顾虑重重，借口多多。1770年，著名德国数学家莱昂哈德·欧拉出版了一本代数学著作，虚数在这本书中得到了广泛的应用，但欧拉在书中留下了这样的附言："诸如$\sqrt{-1}$、$\sqrt{-2}$之类的表达都是不可能的数，或称虚数。因为它们代表负数的平方根，对于这样的数，也许我们只能说，它们不是零，但并不比零大，也不比零小，所以它们完全是虚构出来的数，或者说不可能的数。"

尽管有这么多借口，但虚数还是迅速成为数学领域不可或缺的元素，就像分数和根式一样，要是不能使用虚数，你简直寸步难行。

第三章 空间的不寻常性质

对于习惯了三维空间的我们来说，要想象大于三个维度的超空间，无疑是件难事。

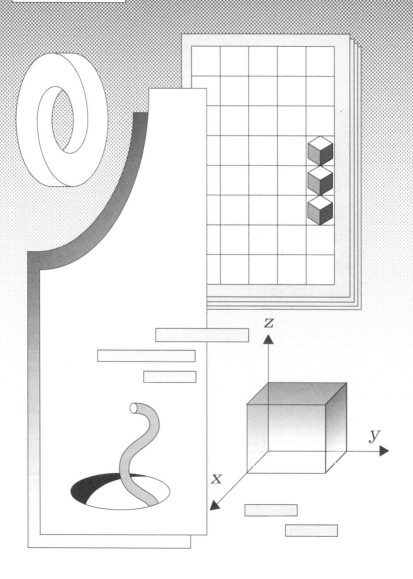

维数和坐标

我们来到一座陌生的城市，询问酒店前台某家著名公司的位置，那么店员也许会说："往南走五个街区，然后右转经过两个街区，直接上七楼。"这三个数字通常被称为坐标，在我们刚才讲的这个例子里，坐标描述了城市街道、建筑楼层和酒店大堂起点之间的关系。不过显然，要前往一个确定的目的地，无论起点如何变化，只要有一套能够正确描述新起点与目的地之间方位关系的坐标系，我们总能找到正确的方向。与此同时，我们还能通过简单的数学运算，根据新旧坐标系之间的相对位置得出原有目的地的新坐标，这个过程被称为坐标变换。这里或许应该补充一句，这三个坐标不一定是代表距离的数字，事实上，在某些情况下，角坐标比距离坐标更方便。

我们在图2中给出了几个例子，你可以从中看到如何用不同的方法来表达空间中某个点的三个坐标，其中有的坐标代表距离，有的坐标代表角度。但无论采用哪种坐标系，我们都需要三个数字才能准确描述方位，因为这里讨论的是三维空间。

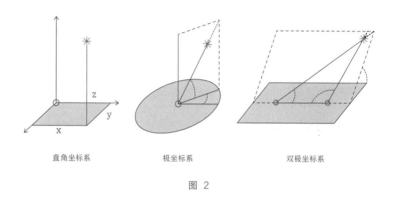

直角坐标系　　　　　极坐标系　　　　　　双极坐标系

图 2

对于习惯了三维空间的我们来说，要想象大于三个维度的超空间（不过我们很快就将看到，这样的空间的确存在）无疑是件难事；但反过来说，想象小于三个维度的低维空间就简单多了。平面，球面，或者其他任意什么面，这都是二维空间，因为我们只需要两个数就能表达这个面上任意一点的位置。以此类推，线（无论是直线还是曲线）是一维空间，在这样的空间中描述位置只需要一个数。我们还可以说，点是零维空间，因为一个点内的任何位置都没有区别。但谁也不会对点有多大的兴趣吧！

作为三维生物，我们很容易理解线和面的几何性质，因为你可以"从外面"观察；不过要理解我们身处其中的三维空间，那就难得多了。所以你可以毫无障碍地理解曲线和曲面，但要说三维空间也可以是弯曲的，你大概就会一脸茫然。

不用度量的几何学

你大概还记得课本上的几何学，根据你的记忆，这是一门度量空间的科学，它的主要内容是一大堆定理，分别描述各种各样的距离和角度的数值关系（比如说著名的毕达哥拉斯定理，它描述的就是直角三角形边长的数值关系）；但事实上，要研究空间最基本的特性，很多时候你根本不必测量任何长度和角度。几何学的这个分支被称为位相几何学或者拓扑学，它是数学中最困难也最刺激的一个部分。

我们不妨举一个简单的例子，看看典型的拓扑问题是什么样子。请设想一个封闭的几何面，比如说一个球，球面上的线条将它分割成了多个区域；要画出这样的图形，我们可以在球面上选择任意多个点，然后用不相交的线将这些点连接起来。接下来我们要问，初始点的数量、划分相邻区域的线的数量和区域的数量之间有何关系？

首先我们可以清晰地看到，如果把这个球压扁，比如说变成南瓜的形状，或者拉伸变成黄瓜，球面上点、线和区域的数量都将保持不变，和原来的完美球面一模一样。事实上，同样的命题适用于任意形状的封闭面，这就像一个气球，无论你怎么挤压、拉伸、扭转，只要别把它切开或者撕碎，它的形状都不会影响我们的推想和问题的答案。拓扑几何的这一特性和以数值关系为主（譬如长度、面积和体积之类的关系）的普通几何学很不一样。事实上，如果我们将立方体拉伸成平行六面体，或者将球体压成煎饼，它的各项数值必然发生巨大的变化。

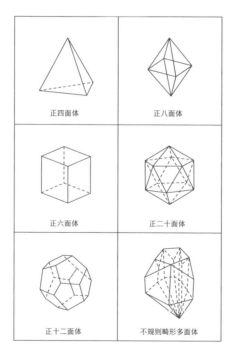

图 3

对于这个划分成若干区域的球，我们可以将它的每个区域分别压平，于是球变成了多面体，不同区域之间的边线也变成了多面体的棱线，初始的那些点现在是多面体的顶点。

于是，我们最初的问题也就顺理成章地变成了本质上完全相同的另一个问题：任意形状的多面体顶点、棱和面的数量之间有何关系？

我们在图3中画出了五个正多面体（每个面所拥有的棱和顶点数量完全相同的多面体）和一个随心所欲的不规则多面体。

我们可以数出每个几何体顶点、棱和面的数量，看看这三个数字之间有何关系。

亲手数过之后，我们画出了下面这张表格。

名称	V （顶点数量）	E （棱的数量）	F （面的数量）	V+F	E+2
正四面体 （含金字塔）	4	6	4	8	8
正六面体 （立方体）	8	12	6	14	14
正八面体	6	12	8	14	14
正二十面体	12	30	20	32	32
正十二面体	20	30	12	32	32
"畸形体"	21	45	26	47	47

首先，前三列数字（V、E 和 F）之间似乎没有任何关系，但只要稍加研究你就会发现，V 和 F 两列数字之和总是等于 E 加 2。因此，我们可以写出三者之间的数学关系：

$$V + F = E + 2$$

这个等式是只适用于图 3 中的五种多面体，还是适用于任意多面体？你可以试着画几个不同于图 3 的其他多面体，再数一数它们的顶点、棱和面，然后你会发现，上述等式适用于任何情况。那么显然，V+F=E+2 是拓扑学中的一个通用数学定理，因为这个等式不需要测量棱的长度或者面的大小，它只和几个不同的几何单元（即顶点、棱和面）的数量有关。

我们刚才发现的多面体顶点、棱和面之间的数量关系是由 17 世纪的法国著名数学家勒内·笛卡尔首先注意到的，后来另一位数学天才莱昂哈德·欧拉严格证明了这个定理，因此它被称为"多面体欧拉定理"。欧拉的公式还证明了一个有趣的推论：正多面体只可能有五种，也就是图 3 中的那五个。

四色问题

另一个典型的拓扑学问题和欧拉定理的关系也很密切，它就是所谓的"四色问题"。假设有一个划分为若干区域的球面，现在我们要给球面上色，使得任意两个相邻区域（即拥有共同边界的区域）的颜色各不相同。要完成这个任务，我们最少需要几种不同的颜色？显而易见，两种颜色肯定不够用，因为在三个区域交于一点的时候（例如图4中美国行政区划图上的弗吉尼亚州、西弗吉尼亚州和马里兰州），我们至少需要给这三个州涂上不同的颜色。

不用费太多功夫，我们还能找到需要四种颜色的场合（图4，德国占领奥地利时期的瑞士地图）。

但不管你怎么尝试，无论是在球形的地球仪上还是在平面的地图上，都绝对找不到需要四种颜色的场合。看来无论地图有多复杂，四种颜色都足以区分相邻的区域。

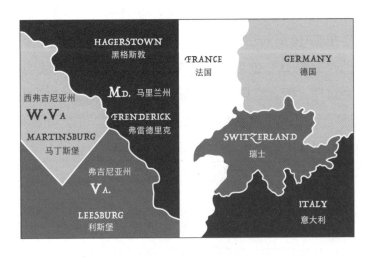

图 4

如果这种说法是对的，那么我们应该能从数学上证明它，然而数学家经过了几代的努力，却一直没能成功。这又是一个典型的"实际上没人怀疑，但谁也无法证明"的数学定理（截至作者成书年代）。从数学上说，目前我们只能证明五种颜色肯定够用，证明过程基于欧拉公式的应用，根据国家数量、边界线数量以及多国交界处三重、四重等交点的数量，得出目前的结果。

上色问题具体的证明过程相当复杂，而且离题甚远，在此不加赘述，不过读者可以在各种拓扑学书籍中找到它，借此消磨一个愉快的夜晚（说不定还会熬个通宵）。如果有谁能证明不光五种颜色够用，而且只需要四种颜色就足以绘出任意地图；或者怀疑四种颜色不够用，进而亲手画出了需要超过四种颜色的地图，这两个方向的尝试只要有一个能获得成功，那么在未来的数百年里，这位智者的大名都将被镌刻在理论数学的编年史上。

不过讽刺的是，尽管上色问题在平面和球面上无法得到证明，但在另一些更复杂的面（例如甜甜圈或者椒盐卷饼）上，我们能用一种相对简单的方法来证明它。比如说，已经有人成功地证明了在一个甜甜圈状的面上，七种颜色足以绘制出任意相邻区域颜色各不相同的地图，而且他们也找到了实例，某些情况下，我们的确需要七种颜色。

要是哪位读者朋友想再头疼一会儿，那么不妨找个充气轮胎和七种色彩的颜料，试着画一个某种颜色和其他六种颜色相邻的图形。完成这个任务以后，你或许可以说"我对付甜甜圈真的很有一套"。

翻转空间

前面我们讨论的拓扑学特性都基于各种面，也就是只有两个维度的亚空间；不过显然，对于所有人生活于其中的三维空间，我们也可以提出类似的问题。如此一来，三维空间中的地图上色问题可以这样表述：我们需要用材质和形状各不相同的原料块搭建一个"空间马赛克"，任意两个材质相同的原料块都不得有共同的接触面，那么我们至少需要多少种材质？

讨论上色问题的时候，对应球面或环面的三维空间应该是什么样的呢？我们能不能设想一些特殊的三维空间，它与正常空间的关系正好类似球面或环面与正常平面的关系？乍看之下，这个问题似乎很不合理。事实上，虽然我们能够轻松想出各种形状的面，但与此同时，我们总觉得三维空间只有一种，即我们生活于其中的熟悉的物理空间。但这样的观念富有欺骗性，非常危险。只要发挥一点想象力，其实我们能够想出一些和教科书上介绍的欧氏空间很不一样的三维空间。

想象这类空间的困难主要在于，作为三维生物，我们只能"从里面"观察空间，而不能像研究特殊的面那样

"从外面"观察。不过借助一些思维体操，我们可以不太困难地征服这些特殊空间。

我们先试着构建一个性质类似球面的三维空间模型。当然，球面的主要特性在于有限无界，它是一个封闭的面。那么我们能不能想象一个同样自我封闭、体积有限，但没有锐利边界的三维空间？不妨设想两个各自被自身球面所限制的球体，就像被果皮包起来的苹果。

接下来，再想象这两个球体"彼此重叠"，共享同一个外表面。当然，这并不是说我们能在现实生活中将两个球体（譬如两个苹果）挤成一个，让它们的表皮紧紧重叠在一起。苹果会被挤碎，但它们永远无法彼此穿透。

或许你更愿意设想一个被虫子蛀过的苹果，果皮内部的蛀洞形成了错综复杂的迷宫。假设虫子有两种，比如说一黑一白，它们痛恨彼此，所以这两种虫子在苹果内部蛀出的洞永远不会相交，哪怕它们在果皮上的起点正好相邻。被这两种虫子蛀过的苹果的整个内部空间被两套彼此交缠但互不相干的隧道网络填得满满当当。不过，尽管黑白两色的隧道紧密相依，但若要从其中一个迷宫去往另一个，你必须先回到苹果的表面上。想象一下，如果这些隧道变得越来越细，数量越来越多，苹果的整个内部空间最终将变成两个彼此交缠，但只通过共同的表面相连的独立空间。

苹果和虫子的故事还没讲完，我们要问的下一个问题是，这个被虫子蛀过的苹果能变成甜甜圈吗？噢，我不是说要让这个苹果吃起来跟甜甜圈一样，而是说它的形状。我们讨论的是几何，而不是厨艺。现在我们手里有一个之前讨论过的"双重苹果"，也就是两个"彼此重叠"，果皮"紧贴在一起"的新鲜苹果。假设有一条虫子在其中一个苹果里蛀出了一条宽阔的环形隧道，如图5所示。注意一点，这条隧道只存在于其中一个苹果内部，

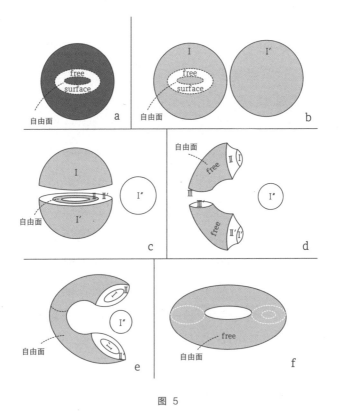

图 5

所以隧道外面的每个点都是一个"双重点"，它同时属于两个苹果，但隧道内只剩下那个没被蛀过的苹果的果肉。现在，我们的"双重苹果"拥有一个由隧道内壁构成的自由面（图 5a）。

现在你能将这个被蛀过的苹果变成甜甜圈吗？当然，我们得假设这个苹果的材质富有弹性，可以任由你搓圆捏扁，绝不会破裂。为了让这个过程变得更容易一点，我们或许应该将苹果切开，等到变形完成以后再把它重新粘回去。

首先，我们拆开这个"双重苹果"，让它重新变成各自独立的两个球体（图 5b）。分开之后的两个球体表面分别记 I 和 I'，以便在操作完成后将它们重新粘好。接下来，沿着隧道的环截面切开被蛀过的那个苹果（图 5c），这一步将产生两个新的切面，分别记作 II、II' 和 III、III'，这样我们才知道稍后应该怎样把它们粘回去。在这个步骤里，隧道的自由面也被暴露出来，它将构成甜甜圈的外表面。接下来，按照图 5d 所示的方式翻转两个被切开的部分，现在自由面被拉伸成了一大块（不过根据我们的假设，苹果的材质弹性很强），与此同时，I、II、III 这几个切面都变得很小。处理完了这个被蛀过的苹果以后，我们还得将"双重苹果"的另一半，也就是没被蛀过的那个完整球体压缩到樱桃大小。接下来，我们可以把刚才的切面粘回去了。第一步很简单，将 III 和 III' 粘起来，得到图 5e 所示的形状；第二步，将缩小后的第二个苹果放在刚才粘好的"钳子"两端中间，利用这个球体将钳子重新粘合起来，标记为 I″ 的球面应该正好和标记为 I 和 I′ 的面严丝合缝地贴在一起，而 II 和 II′ 这两个切面也被弥合起来。最后我们得到了一个光滑漂亮的甜甜圈。

我们忙活了这么半天，到底是想干什么呢？

其实我们什么也不想干，只是让你做做思维体操，体会一下以想象为核心的几何学，帮助你理解弯曲空间和自我封闭空间这类奇怪的概念。

如果能找到一种公认的标准速度，我们就能用长度单位来描述时间跨度，反之亦然。

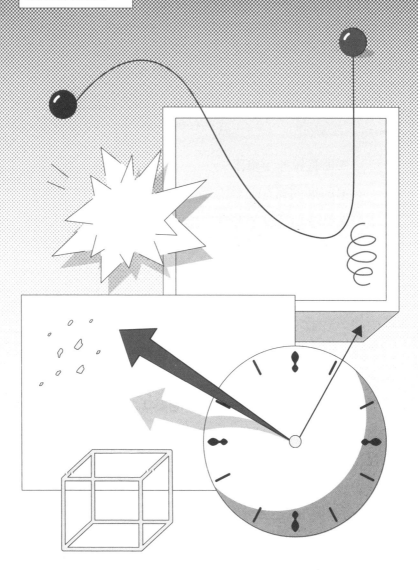

时间是第四个维度

　　第四维的概念常常蒙着一层惹人疑惑的神秘色彩。作为被长度、高度和宽度所限的生物，我们哪儿来的胆量高谈阔论四维空间？穷尽我们三维头脑的所有智慧，是否有可能想象出四维超空间的模样？四维的立方体或者球体看起来会是什么样子？如果要你想象一头尾巴长满鳞片、鼻孔喷出火焰的巨龙，或者一架内设游泳池、机翼上有网球场的奢华飞机，你会在脑海中绘出一幅画面，试图描摹这件物体突然出现在你眼前的时候会是什么模样。而这幅画的背景自然是正常的三维空间，你熟悉的所有物体，包括你自己在内，都存在于这样的空间里。如果这就是"想象"的确切含义，那么我们似乎不太可能想象出以正常三维空间为背景的四维物体，正如三维物体不可能挤进平面。但是，等一下。从某种意义上说，我们的确能将三维物体压进平面，只要画一幅画就行。不过在这种情况下，我们借助的当然不是液压机床或者其他什么物理力量，而是一种名为几何"投影"的绘画技巧。

但只要再想想，你会发现第四维其实并不神秘。事实上，有一个词我们大部分人每天都会用到，它可以被视为、而且实际上就是物理世界中的第四个维度，这个词就是"时间"。在我们描述周围发生的事件时，时间常常是一个和空间并列的度量。当我们谈到宇宙中发生了什么，无论是你在街上意外邂逅了一位老朋友，还是一颗遥远的恒星发生了爆炸，一般情况下，我们不光会提到事件发生的位置，还会陈述它发生的时间。通过这种方式，我们为三维空间中的事件引入了第四个维度：时间。

进一步思考这个问题，你也很容易发现，每个物理物体都有四个维度，其中三个是空间维度，还有一个是时间维度。你住的房子在长度、宽度、高度和时间这四个维度上延展，它在时间维度上的跨度始于建成之日，终于毁灭那一天——无论是烧毁、拆毁还是因年久失修而倒塌。

确切地说，时间这个维度和空间的三个维度不太一样。时间的跨度（间隔）由钟表来度量，秒针嘀嗒嘀嗒，整点叮咚报时；而测量空间距离的工具是尺子。你可以

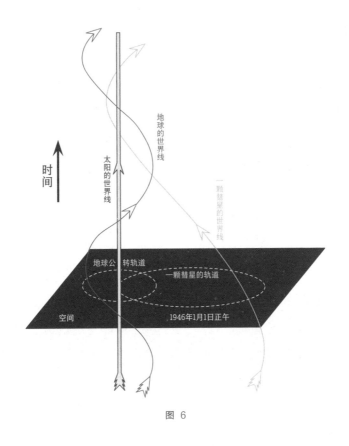

图 6

用同一把尺子测量长度、宽度和高度，却不能把它变成
钟来测量时间。除此以外，你可以在空间中向前、向右
或者向上移动，然后再返回原地，但时间一路向前，从
不回头，你只能被动地从过去来到现在，再去往未来。
尽管时间的维度和空间的三维有这么多的不同之处，但
我们依然可以将时间当成第四个维度，用它来描述这个
世界上的物理事件，只是不要忘了，时间和空间的确不

太一样。

从四维时空几何学的角度来看，宇宙的拓扑图形和历史合成了一幅和谐的画卷，要研究独立的原子、动物或恒星的运动，我们只需思考纠缠成束的世界线（图6）。

时空等价

如果将时间视为和空间的三个维度大致等价的第四个维度，我们势必面临一个相当困难的问题。测量长度、宽度和高度的时候，我们可以采用同样的单位，譬如说1英寸，或者1英尺。但时间间隔无法用英尺或英寸来衡量，我们必须采用另一套完全不同的单位，例如分钟或小时。那么这两套单位该如何放到一起比较呢？若要想象一个边长为1英尺的四维立方体，它在时间维度上的跨度应该是多少，才能使得四维等长？1秒、1小时还是1个月？1小时应该比1英尺长还是短？

乍看之下，这个问题似乎毫无意义，但要是深入思考一下，你会发现，或许我们可以找到一种合理的方式，将长度和时间跨度放到一起来比较。你常常会听到这样的说法，某人住的地方"离市中心20分钟车程"，或者某个地方"坐火车只要5个小时"就能到。这里我们用搭乘特定交通工具跨越某段距离所需的时间来衡量长度。

因此，如果能找到一种公认的标准速度，我们就能用长度单位来描述时间跨度，反之亦然。当然，作为空间和时间的基本换算因子，我们选定的标准速度必须是一个基本的通用常数，不受人类主观因素或物理环境的影响。在物理学领域里，只有一种速度具备这样的通用特性，那就是真空光速。虽然人们常常叫它"光速"，但更科学的描述应该是"物理相互作用的传播速度"，因为在真空中，物体之间的任何一种力（无论是电磁力还是引力）都以同样的速度传播。此外，正如我们即将看到的，光速代表着宇宙中的速度上限，任何物体在空间中的运动速度都不可能超过光速。

目前真空光速（通常用字母"c"来指代）最准确的估算值是：

c=299776 千米 / 秒或 186300 英里 / 秒

光的速度极快，所以很适合用来度量天文距离（图7 为前人测量光速的两种方法）；天文尺度的距离常常大得离谱，若用英里或者千米来表示的话，恐怕得写满好几页纸。因此，天文学家会说，某颗恒星和地球之间的距离是 5"光年"，就像我们常说某个地点坐火车 5 小时能到。由于 1 年约有 31558000 秒，所以 1 光年约等于 31558000 × 299776=9460000000000 千米，或者 5879000000000 英里。通过"光年"这个术语，我们将时间化作了一个实用的维度，时间单位也因此成为一个可用于度量空间的单位。反过来说，我们也可以创造另一个术语"光英里"，用它来描述光行经 1 英里的距离所需的

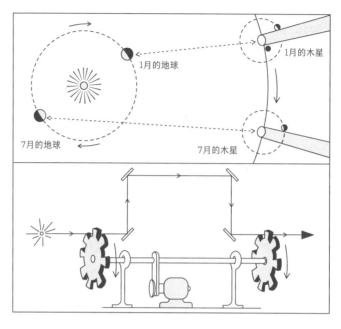

图 7

时间。利用上面介绍的光速值，我们可以算出1光英里等于0.0000054秒。以此类推，1"光英尺"等于0.0000000011秒。上一节中我们讨论的四维立方体的问题也由此得到了解答。如果这个正立方体在空间中的边长是1英尺，那么它在时间维度上的跨度必然只有0.000000001秒。要是这个立方体存在的时间跨度足足有一个月，那么它看起来应该更像四维空间中的一根长棍，因为它在时间维度上的跨度比另外三个维度大得多。

四维距离

解决了空间轴和时间轴单位转换的问题以后，现在我们可以问问自己，应该如何理解四维时空世界中两点之间的距离。千万别忘了，在这种情况下，我们讨论的每一个点都是"一个事件"，这个术语定义了它在空间和时间中的位置。为了澄清这个问题，我们不妨以下面两个事件为例。

事件 I：1945 年 7 月 28 日上午 9 点 21 分，一家位于纽约市第五大道和 50 街交口一楼的银行遭到了抢劫。

事件 II：同一天上午 9 点 56 分，一架军机在大雾中撞上了纽约市第五大道和第六大道之间 34 街帝国大厦的 79 楼。

这两个事件在空间上相隔南北方向 16 个街区，东西方向半个街区，垂直方向 78 层楼，在时间上相隔 15 分钟。显然，要描述这两个事件在空间维度上的距离，我们不必挨个列出街区和楼层的数量，因为根据著名的毕达哥拉斯定理，空间中两点的距离等于二者在三个维度上的距离的平方和的平方根。当然，要利用这一定理进行计算，首先我们得把这个方程涉及的所有距离换算成统一的单位，例如英尺。假设一个街区南北方向的长度是 200 英尺，东西向宽 800 英尺，帝国大厦每层楼的平均高度是 12 英尺，那么这两个事件南北相距 3200 英尺，东西相距 400 英尺，垂直高度相距 936 英尺。利用毕达哥拉斯定理，现在我们可以直接算出这两个地点之间的距离：

$$\sqrt{3200^2+400^2+936^2} \approx \sqrt{11280000} \approx 3360 \text{ 英尺}$$

如果将时间作为第四个维度的概念的确有其实际意义，现在我们应该能将 3360 英尺这个空间距离和 15 分钟的时间间隔结合起来，用一个数来描述这两个事件的四维距离。

根据爱因斯坦最初的设想，我们只需推广一下毕达哥拉斯定理，就能算出四维距离；要研究事件之间的物理关系，四维距离是一个比独立的空间间隔和时间间隔更基本的值。

有这么一个故事，一位患有关节炎的老人请教一位健康的朋友，问他怎么预防这种小毛病。

"我这辈子每天早上都会洗个冷水澡。"朋友这样回答。
"噢！"老人喊道，"那你等于是把关节炎换成了冷水澡。"

呃，如果你真的很不喜欢得了关节炎的毕达哥拉斯定理，那么你可以把它换成虚数时间坐标的冷水澡。

既然时空世界里的第四个坐标是虚数，那么必然出现物理性质上有所区别的两种四维距离。

事实上，在前面讨论的纽约市那个例子里，两个事件之间的三维距离数值远小于时间距离的数值（统一单位以后），所以毕达哥拉斯方程中根号下面的数字必然为负，最后我们算出的广义四维距离是一个虚数；但在另一些情况下，时间距离小于空间距离，根号下的数字为正，算出的四维距离自然是实数。

因此，基于上述讨论，既然我们认为空间距离永远是实数，而时间距离永远是纯虚数，那么或许可以说，实数的四维距离与普通空间距离的关系更为密切，而虚数四维距离与时间间隔的联系更紧密。用闵可夫斯基的术语来说，第一种四维距离叫作"类空距离"，第二种则是"类时距离"。

在下一章中我们将看到，类空距离可以转化为普通的空间距离，而类时距离可以转化为普通的时间间隔。但是，这两种距离一个是实数，一个是虚数，二者之间有一道不可逾越的藩篱，所以它们无法互相转化，正是出于这个原因，我们不能将尺子变成时钟，反过来也不行。

第五章

空间和时间的相对性

从本质上说，绝对的空间与外部的任何事物无关，它始终静止不变。

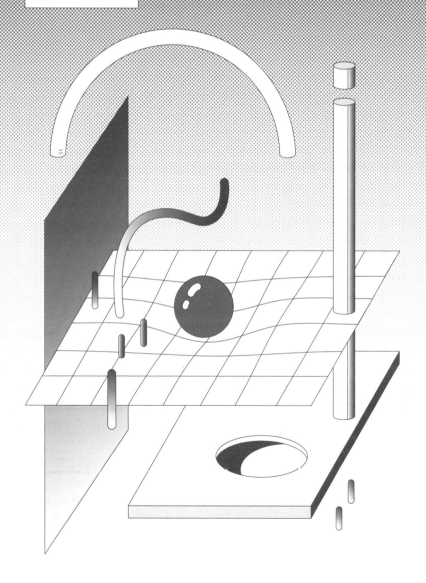

虽然从数学上将空间和时间统一在一个四维世界内的努力并未完全消弭空间距离与时间间隔的差异，但通过这样的尝试，我们的确发现空间和时间这两个概念具有高度的相似性，与爱因斯坦之前的时代相比，物理学由此迈出了一大步。事实上，现在我们必须将不同事件的空间距离和时间间隔视作这些事件的四维距离在空间轴和时间轴上的投影，所以只需要旋转这个四维坐标轴，或许我们就能将空间距离部分转化为时间间隔，反之亦然。但要旋转四维时空坐标轴，我们具体应该怎么做呢？

　　假设我们真的坐在一辆公交车的第二层车厢里，7月28日那个不幸的清晨，这辆车正沿着第五大道行驶。从自利的角度来说，现在我们最感兴趣的问题应该是，银行劫案和飞机坠毁这两个事件离我们坐的这辆车到底有多远？因为它们和公交车之间的距离决定了我们能不能目击这两件事。

　　你可以看看图 8a，银行劫案、飞机坠毁和公交车的世界线都标记在这个坐标系里。你会立即发现，公交车上的乘客观察到的距离和其他人（例如站在街角执勤的交警）记录下来的不太一样。因为公交车正沿着第五大道行驶，我们不妨假设它每三分钟驶过一个街区（按照纽约的拥挤程度，这样的速度不算离谱），那么乘客观察到的两个事件之间的空间距离比交警观察到的更短。事实上，在劫案发生的上午 9 点 21 分，这辆车正好驶过 52 街，距离劫案现场 2 个街区；到了飞机坠毁的 9 点 36 分，公交

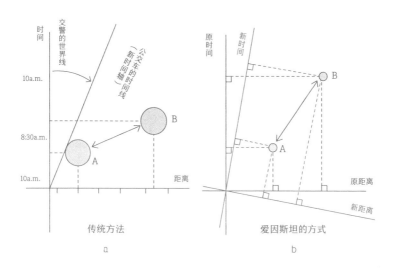

图 8

车已经开到了 47 街，与坠毁现场相距 14 个街区。因此，相对于公交车来说，我们可以认为银行劫案与飞机坠毁相距 14-2=12 个街区，但若是以整个城市的建筑为参照系，两个事件的空间距离应该是 50-34=16 个街区。再看看图 8a，我们会发现，公交车乘客记录距离的参照点离开坐标竖轴（静止的警察的世界线）上的投影，落在了代表公交车世界线的那根斜线上，所以后者实际上成为新的时间轴。

刚才我们讨论的"一大堆琐事"或许可以总结成一句话：如果以行驶的车辆作为参照点来绘制事件的时空坐标示意图，我们必须将时间轴旋转一定的角度（具体取决于车辆的速度），但空间轴始终保持不变。

从经典物理学和所谓"常识"的角度来看，这句话一点都没错，但它和四维时空世界的新观念格格不入。事实上，如果将时间视为独立的第四个坐标，那么时间轴应该始终垂直于其他三条空间轴，无论你是坐在公交车上、有轨电车上，还是坐在人行道上！

现在我们走到了一个分岔的路口，两条路里面只能挑一条来走。我们要么保留传统的时空观，不再奢求将空间和时间合为一体的几何学；要么打破原有"常识"，认定在新的时空坐标图里，空间轴必须和时间轴一起旋转，从而使二者始终保持垂直（图 8b）。

但是，旋转时间轴有实际的物理意义，即以运动的车辆为参照点，两个事件的空间距离会发生变化（在刚才那个例子里，这个值从 16 个街区变成了 12 个街区）；那么以此类推，旋转空间轴应该意味着，以运动的车辆为参照点，两个事件的时间间隔与静止参照点上观察到的不一样。这样一来，按照市政厅那座大钟的记录，银行劫案和飞机坠毁相距 15 分钟；但若是以公交车乘客佩戴的手表为准，这两个事件的时间间隔绝不会是 15 分钟——并不是因为机械缺陷导致手表不准，而是因为在运动的车辆内部，时间流逝的速度会发生变化，记录时间的机械装置也会相应地变慢，只是公交车行驶的速度很慢，这样的延迟微乎其微，几乎无法觉察。（我们将在本章中深入讨论这一现象。）

再举个例子，我们不妨设想一个人坐在行驶的火车餐车里吃饭。从餐车服务生的角度来看，从开胃菜到甜品，这个人在用餐过程中始终坐在同一个位置（靠窗的第三张桌子）；但要是窗外的铁路旁有两名始终站在原地的扳道工——其中一名正好看到这位乘客吃开胃菜，而另一名正好看到他在吃甜品——那么从他们的角度来看，这两个事件发生的地点相距好几英里。所以我们或许可以说：某位观察者看到两个事件在不同的时刻发生在同一个地点，但另一位处于不同状态（或者不同运动状态）下的观察者可能认为这两个事件发生的地点并不相同。

从时空等价的角度来说，我们可以将上面这句话里的"时刻"和"地点"互换，得到一个新的说法：某位观察者看到两个事件在不同的地点同时发生，但另一位处于不同运动状态下的观察者可能认为这两个事件发生的时间并不相同。

将这个说法套用到餐车的例子里，我们就会看到，尽管服务生赌咒发誓说餐桌上相对而坐的两位乘客同时点燃了饭后的那支香烟，但站在铁路旁透过车窗向内张望的扳道工坚决表示，其中一位先生点烟的时间就是比另一位早。

因此，某位观察者认为两个事件同时发生，但另一位观察者可能认为二者之间有一定的时间间隔。

四维几何学认为空间和时间只是恒定不变的四维距离在对应轴上的投影，因此我们必然得出上述结论。

经典物理学是错误的？

现在我们不妨问问自己，如果只是为了满足运用四维几何学语言的愿望，就不惜彻底颠覆我们习以为常的经典时空观，这样做真的对吗？

如果答案是肯定的，那我们挑战的是整个经典物理学，因为这门学科的基础是伟大的艾萨克·牛顿于两个半世纪前提出的空间和时间的定义："从本质上说，绝对的空间与外部的任何事物无关，它始终静止不变。""从本质上说，绝对的、真实的数学时间始终均匀流逝，与外部任何事物无关。"写下这两句话的时候，牛顿理所当然地认为这是亘古不变、毋庸置疑的真理，更不可能有什么争议；所有人都知道，时间和空间就是这个样子，他只是用自己的语言做出了确切的描述。事实上，那个时代的人们对经典的时空观深信不疑，哲学家甚至常常将它当作先验的真理，没有任何一位科学家（更别提门外汉）想到过，这套理念可能是错的，因此需要再次验证，修正描述。那么现在，我们为什么要重新考虑这个问题呢？

我们之所以抛弃经典的时空观，将时间和空间统一在一个四维的坐标系下，既不是为了满足爱因斯坦的审美需求，也不是为了展示他不甘寂寞的数学才能，而是因为科学家在实际的研究中不断发现的一些事实无论如何都不能用"空间和时间彼此孤立"的经典理论来解释。

弯曲的空间

现在我们不妨去弯曲的空间里散散步。大家都知道曲线和曲面，但"弯曲的空间"又是什么意思？想象弯曲空间之所以这么困难，倒不是因为这个概念有多么出奇，而是因为一个简单的事实：我们可以从外面观察曲线和曲面，但只能从里面观察三维空间的弯曲，因为我们自己身处其中。为了理解三维的人类如何设想自己生活于

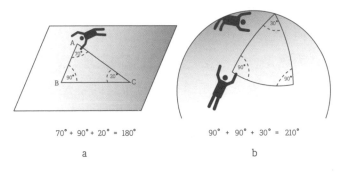

70° + 90° + 20° = 180°　　　　90° + 90° + 30° = 210°

a　　　　　　　　　　　　b

图 9

其中的空间的弯曲，首先我们还是想想生活在二维面上的影子生物。在图 9a 和 9b 中，我们可以看到，平坦和弯曲（球状）的"面世界"里的影子科学家正在研究他们所在的二维空间的几何学。当然，三角形是可供研究的最简单的几何图形，它由三条直线连接三个几何点构成。你们大概还记得高中几何课上讲过，平面上任何一个三角形的三个内角之和总是等于 180°。不过我们也很容易看到，这条定理并不适用于球面上的三角形。事实上，球面上由两条从极点出发的地理经线和一条地理纬线组成的三角形，它的两个底角都是直角，而顶角可能是 0°到 360° 之间的任何数字。比如图 9b 中那两位影子科学家研究的三角形，它的三个内角之和等于 210°。所以我们可以看到，通过测量自己所在的二维世界里的几何图形，这些影子科学家不必从外面观察也能发现他们的世界是弯曲的。

将这种观察世界的方法移植到多一个维度的世界里，我们自然可以得出结论：生活在三维空间中的人类科学家不必跳出这个世界进入第四个维度，也能通过测量空间中连接三个点的直线之间的角度，确认我们的空间是否弯曲。如果三个角之和等于180°，那么空间是平坦的，否则它必然弯曲。

封闭空间和开放空间

我们简单讨论一下爱因斯坦时空几何学中另一个重要的问题：宇宙到底是有限的还是无限的。

目前为止，我们讨论的一直是大质量物体附近空间的局部弯曲，它就像散布在宇宙这张"大脸"上的无数青春痘。可是，除了这些局部的凹凸以外，宇宙这张脸本身到底是平坦的还是弯曲的？如果是弯曲的，它的形状又该是什么样？在图10中，我们用二维示意图的形式画出了一个带有"青春痘"的平坦空间和空间可能的两种弯曲形式。所谓的"正曲率"空间对应的是球面或其他任意封闭几何面，无论你朝哪边走，这样的空间总是朝着"同一个方向"弯曲。反过来说，"负曲率"空间在一个方向向上弯曲，在另一个方向则向下弯曲，所以它看起来就像一副西式马鞍。通过一个小实验，你可以清晰地看到这两种弯曲空间的区别：从足球和马鞍表面各取一块皮革，然后试着在桌面上将它们展平。你

FLAT
平坦

POSITIVELY CURVED
正曲率

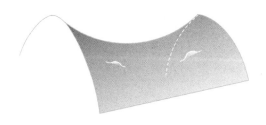

NEGATIVELY CURVED
负曲率

图 10

会发现，这两块皮革都必须进行拉伸或者压皱才能"展平"，不过二者的区别在于，足球上切下来的那一块皮革只能拉伸，而马鞍的那块只能压皱。换句话说，足球那块皮中心点周围的材料太少，不足以让它展平；而马鞍那块中心点周围的材料太多，必须叠起来一部分才能展平。

我们可以再换个说法。请数一数两种曲面上中心点周围1英寸、2英寸和3英寸范围内（沿着曲面）分别有多少青春痘。在没有弯曲的平面上，青春痘的数量与距离的平方成正比，比如说，1个、4个、9个，如此等等；但在球面上，青春痘数量增长的速度比这慢得多；到了"马鞍"面上，这个数的增长速度却又快得多了。因此，哪怕居住在二维面内的影子科学家无法跳出自己的世界从外面观察它的形状，但是只需要数一数落在不同半径内的青春痘的数量，他们就能推测空间的曲率。还有一点，正曲率空间和负曲率空间内三角形的内角和也能反映二者的区别。正如我们在上一节中看到的，球面上的三角形内角和总是大于180°，但要是你在马鞍面上画一个三角形，你会发现它的内角和总是小于180°。

将二维曲面上的观察结果推广到三维弯曲空间中，我们可以得到这样一张表格：

空间类型	大尺度特征	三角形内角和	体积增长速度
正曲率（类球面）	自身封闭	>180°	慢于半径的立方
平坦（类平面）	无限延展	=180°	等于半径的立方
负曲率（类马鞍）	无限延展	<180°	快于半径的立方

　　利用这张表格，我们可以试着回答空间是否有限的问题。

第六章 微观世界

自然界中共有92种不同的化学元素。在这92种化学元素中，有一部分在地球上大量存在。

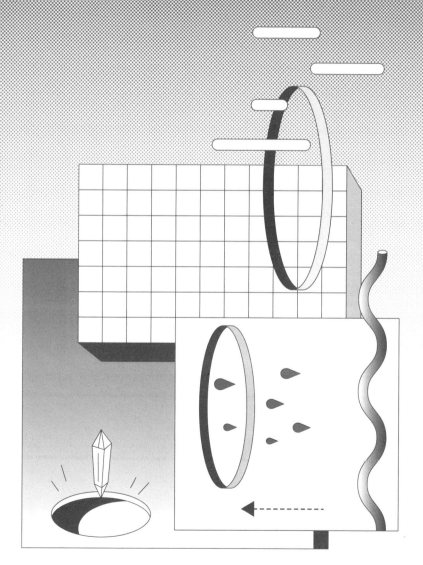

希腊人的观点

分析物体特性时，最好的办法是从我们熟悉的"正常尺寸"的物体入手，然后一步步深入其内部结构，探寻人类肉眼看不到的所有物质特性的终极起源。

日常生活中大部分常见物质（尤其是有机物）都是不均匀的，不过我们往往需要借助显微镜才能发现这一点。比如说，只需要放大一点点，你就会看到，牛奶其实是黄油小液滴悬浮在均匀白色液体中形成的稀薄乳浊液。

普通园艺土也是微观粒子组成的精细混合物，它的成分包括石灰岩、高岭土、石英、氧化铁以及其他矿物质和盐，此外还有动植物腐烂后留下的各种有机物。如果将一块普通花岗岩的表面打磨光滑，你会立即看到，这块石头由三种不同物质（石英、长石和云母）的细小晶体组成，它们紧密结合在一起，形成坚硬的固体。

在我们研究物质固有结构的过程中，弄清混合物的成分只是第一步，或者说，是这道下降的阶梯最上面的一级；接下来，我们可以直接探查不均匀混合物中那些均匀成分的内部结构。真正均匀的物质（譬如一段铜线、一杯水或者充斥房间的空气——当然，除去空中飘浮的尘埃以外）哪怕放到显微镜下也看不出任何差别，这些材料似乎处处均匀、完全一致。

既然我们的肉眼和目前最强大的显微镜观察到的结果都一样，那我们能不能假设，这些均匀物质无论放大到什么程度都不会变样？换句话说，我们是否可以认为，对于铜、盐或者水之类的物质，无论我们取得的样本多么微小，它的性质将始终和大块的材料保持一致，而且可以无限分割成更小的部分？

首先提出这个问题并试图寻找答案的人是希腊哲学家德谟克利特，他生活在大约2300年前的雅典。德谟克利特认为，这个问题的答案是否定的；他更愿意相信，无论某种物质看起来多么均匀，它也一定是由大量（但德谟克利特并不知道到底有多少）独立的极小的（他也不知道到底有多小）微粒组成的。对于这样的微粒，德谟克利特称为"原子"或"不可分割之物"。不同物质包含的原子（或者不可分割之物）数量不同，但它们的区别只是表面的虚假现象。事实上，火原子和水原子完全相同，只是二者看起来不一样。确切地说，所有物质都由永恒不变的同样的原子组成。

但同时代一位名叫恩培多克勒的人提出了另一套观点，他认为原子分为几种，这些原子以不同的比例组合在一起，形成了千姿百态的物质。

基于当时粗浅的化学知识，恩培多克勒将原子分为四种，分别对应四种所谓的基本元素：土、水、气和火。

事实上，空气也并不像古人所想的那样纯净，它其实是氮和氧组成的混合物，除此以外还包含了一定数量的二氧化碳，这种分子由氧原子和碳原子组成。在阳光的作用下，植物的绿叶吸收空气中的二氧化碳，使之与根系吸收的水分发生反应，形成各种各样的有机物，这些材料构成了植物的枝干。在这个过程中，植物还会释放一部分氧，所以人们才说，"多养植物，清新空气"。

木头燃烧时，它包含的各种分子再次与空气中的氧气结合起来，变成火焰中散逸的二氧化碳和水蒸气。

古人认为植物里包含着"火原子"，但实际上火原子并不存在。阳光为植物提供的只有能量，有了能量，植物才能打破二氧化碳分子，将空气中的这种"食物原材料"分解成可吸收的营养成分；由于火原子并不存在，火的燃烧也就不能解释为"火原子的散逸"；火焰实际上只是大量的受热气体，燃烧过程释放的能量让这些气体变得清晰可见。

自然界中共有92种不同的化学元素（截至作者成书年代）。在这92种化学元素中，有一部分在地球上大量存在，我们大家都很熟悉，譬如氧、碳、铁和硅（大部分岩石的主要成分）；但有的元素非常罕见，例如镨、镝或者镧，这些元素你恐怕根本就没听说过。除了自然元素以外，现代的科学家还成功地合成了几种全新的化学元素，本书后面的章节将简单地介绍这方面的内容，其中一种名叫钚的元素注定会在原子能的释放（包括战争用途与和平用途）中发挥重要作用。这92种基本元素以不同的比例结合起来，形成了千姿百态的化合物，包括水和黄油、石油和土壤、石头和骨头、茶和TNT炸药，还有其他很多更复杂的分子，例如氯化三苯基吡喃鎓和甲基异丙基环己烷——优秀的化学家必须牢记这些术语，但普通人多半没法一口气将它读完。原子的组合无穷无尽，为了总结它们的性质、制备方法之类的知识，人们正在编制一本又一本化学手册。

原子有多大？

尽管不同元素的相对原子质量是化学领域最重要的基本数据，但在这门学科中，以克为单位的原子实际质量其实并不重要，这个信息不会影响任何化学现象，也不会妨碍我们应用化学定律和化学方法。

不过，要是让物理学家来研究原子，首先他肯定会问："原子的尺寸到底是几厘米，重量是几克，一定量的物质中有多少个原子或分子？我们能不能想出办法来观察、计数、操控单个的原子和分子？"

估算原子和分子尺寸的方法多不胜数，其中最简单的一种不需要现代的实验设备也能实现。如果某种物质（譬如一段铜线）的最小单位是原子，那么显然，你肯定不能把它压成厚度小于该原子直径的薄片。因此，我们可以试着将铜线不断拉长，让它成为一长串单个原子组成的细线，或者用锤头将它敲成一片只有原子直径那么厚的铜片。对于铜线或其他任何一种固体材料而言，这都是个近乎不可能的任务，因为在获得我们想要的最小厚度之前，它肯定早就断了。但液体材料（例如水面上的薄薄一层油）大概可以轻松摊成一张"薄毯"，这层油膜中的所有分子都平行分布，垂直方向上没有任何重叠。如果读者有足够的耐心和细心，你可以亲自做个实验（图11），用这种简单的办法测量油分子的大小。

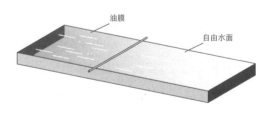

图 11

分子束

研究透过小孔喷入周围空间的气体和蒸汽时，我们也可以顺便找到另一种揭示物质分子结构的有趣方法。

假设我们有一个真空的玻璃泡泡（图12），它的中央是一个小电炉：将电阻丝绕在带孔洞的陶制圆筒上，就能做出一个电炉。如果我们在电炉里放一小块低熔点金属，例如钠或者钾，那么它产生的金属蒸汽将填满圆筒内部，然后透过圆筒壁上的小孔释放到周围的空间中。这些蒸汽一旦接触到玻璃泡冰冷的侧壁就会粘在上面，在球壁上的不同区域形成一层极薄的镜面，清晰地告诉我们金属蒸汽从电炉中喷出后的运动轨迹。

接下来我们还会进一步发现，电炉的温度会影响金属膜在球壁上的分布。电炉的温度越高，陶制圆筒内的金属蒸汽密度就越高，我们会看到蒸汽从小孔中喷射出来，就像水壶或蒸汽发动机"冒烟"一样。进入玻璃泡内部相对较大的空间以后，金属蒸汽会向四面八方扩散（图12a），充斥整个球体，在球壁上形成比较均匀的薄膜。

但要是电炉的温度比较低，陶制圆筒内部的蒸汽密度升不上去，我们就会观察到另一番景象。从小孔中喷出的金属蒸汽不再扩散，而是沿着直线运动，所以大部分金属膜最后都会落在玻璃泡正对圆筒孔洞的那一面上。如果在小孔前方放一块挡板（图12b），你会更清晰

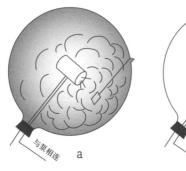

与泵相连　a　　　　　与泵相连　b

图 1 2

地观察到金属微粒的直线运动。挡板后方的玻璃壁上没
有金属膜，最终会形成一块和挡板几何形状完全一致的
透明斑。

　　如果你还记得蒸汽的成分是大量独立的分子，它们
在空间中向四面八方运动，彼此不断碰撞，那么你应该
很容易理解金属蒸汽在高低温下的表现为何大不相同。
从小孔中喷出的高密度金属蒸汽就像急着逃离着火剧院
的一大群人，冲出剧场大门以后，他们在街道上也会不
断冲撞彼此，四散奔逃。但从另一方面来说，低密度蒸
汽可以类比成每次只有一个人走出剧场大门，所以他大
可以从容不迫地直线前进，不会被别人撞偏。

　　从电炉小孔中喷出的低密度蒸汽物质流被称为"分子
束"，它由紧挨在一起穿过空间的大量独立分子组成。研
究单个分子特性的时候，这样的分子束十分有用。比如
说，你可以利用分子束来测量分子热运动的速度。

研究分子束速度的设备最初是由奥托·施特恩设计的，从本质上说，这套装置和斐索测量光速的设备（图13a）完全一样。它由两个安装在同一根轴上的齿轮组成，两个同轴齿轮以特殊的角度安装，要让分子束畅通无阻地穿过两个齿轮，这根轴必须以特定速度旋转（图13b）。施特恩在轴的尽头放了一块隔板，用于接收透过齿轮的细分子束；利用这套设备，他发现一般来说，分子运动的速度很快（钠原子在200℃时的运动速度是每秒1.5千米），而且随着气体温度的升高，分子运动的速度还会进一步增大。这直接证明了热运动理论，根据这套理论，

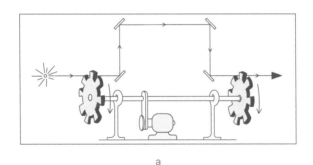

a

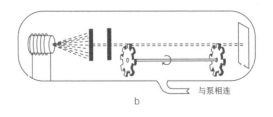

b　　　　　与泵相连

图 13

物体温度升高实际上是因为分子不规律热运动加剧。

原子摄影

虽然上述例子足以证明原子假说的正确性，但我们还是更相信"眼见为实"；所以要确凿无疑地证明原子和分子的存在，我们最好能让人类用肉眼看到它们。直到最近，英国物理学家 W.L. 布拉格才实现了这个目标，他设法拍下了几种晶体原子和分子的照片。

他的方法基于阿贝提出的显微数学理论，根据这套理论，所有显微图像都可视作大量独立图像叠加在一起而形成的，其中每个图像都可表示为拍摄区域内特定角度的一组平行暗纹。

根据阿贝的理论，显微镜的运作原理可以拆成几步：（1）将原始照片分解成大量独立的暗纹图像；（2）分别放大每一幅独立图像；（3）重新将所有图像叠加起来，得到放大后的照片。

这个过程类似用多块单色母版印刷彩色图片。单独看到任何一种颜色的图案，你可能都认不出它拍的到底是什么，但只要将所有颜色以正确的方式叠加在一起，你就能得到清晰锐利的完整图片。

既然 X 射线不可能完整实现以上三个步骤，我们只好分步走：首先从不同的角度为晶体拍摄大量的 X 射线条纹图像，然后以正确的方式将它们叠加到一张照片上。

通过这种方式，我们可以实现"X射线放大镜"的功能，只不过真正的放大镜用起来毫不费事，但我们这套流程要消耗经验丰富的实验员好几个小时的时间。正是出于这个原因，布拉格的方法只能用来拍摄固定不动的晶体分子照片，却无法拍摄液体或气体中的分子，因为它们总是到处乱跑。

虽然布拉格的显微摄影术有些烦琐，没有"咔嚓"按一下快门那么简单，但他拍出的照片绝不逊色于任何合成图片。如果出于某些技术原因，我们无法用一张照片呈现整座大教堂，那么你想必不会拒绝几张独立照片合成的教堂全景。

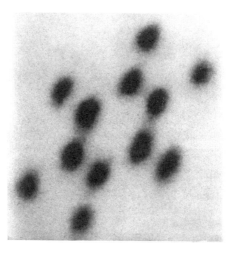

放大 175,000,000 倍的六甲基苯分子
（供图 :M.L. 哈金斯博士，伊士曼柯达实验室）

在如上照片中，我们可以看到一张熟悉的 X 射线照片，它拍摄的是一个六甲基苯分子，这种分子的化学式如下：

在这张照片上，我们可以清晰地看到六个碳原子组成的环和其他六个分别与之相连的碳原子，但相对较轻的氢原子几乎完全看不见。

哪怕是最最多疑的人，在亲眼看到这样的照片以后，也会同意分子和原子确确实实是存在的了吧！

解剖原子

德谟克利特给原子起的名字来自希腊语中的"不可分割之物"，当时他认为，这些微粒代表了物质可分割的最小单元，换句话说，原子是组成所有物质的最小、最简单的结构组件。几千年后，"原子"这个古老的哲学概念得到了科学的支持，基于我们观察到的大量证据，原子不可分割的信念越来越根深蒂固，人们想当然地认为，不同元素的原子性质之所以各不相同，是因为它们的几何形状有所差异。比如说，他们认为氢原子的形状近似球体，而钠原子和钾原子就像拉长的椭圆。

解剖精致的原子是一项复杂的手术，首次完成这一壮举的是著名的英国物理学家 J.J. 汤姆孙，他成功证明了各种化学元素的原子由带正电和负电的部件组成，电磁力将这些部件结合在一起。按照汤姆孙的设想，原子其实是一团均匀的正电荷，大量带负电的粒子飘浮其中。负电粒子（汤姆孙将之命名为"电子"）携带的负电荷等于包裹它的正电荷，所以原子整体呈电中性。不过，由于电子与原子的结合相对比较松散，所以偶尔会有一个或者几个电子散逸出去，留下一个带正电的不完整的原子，也就是正离子。从另一方面来说，有时候原子又会从外部额外获取几个电子，于是它就得到多余的负电荷，变成了负离子。原子得到多余正电荷或负电荷的过程被称为离子化。汤姆孙的观点基于迈克尔·法拉第的经典著作，后者证明了原子携带的电量必然等于一个基本量的倍数，这个基本电量单位的值是 5.77×10^{-10}。但比起法拉第来，汤姆孙又向前走了一大步，他提出原子电量之所以总是成倍变化，是因为这些电荷实际上是独立的微粒；除此以外，他还找到了从原子中分离电子的方法，甚至开始研究空间中高速飞行的自由电子束。

汤姆孙研究自由电子束的一大成果是估测电子的质量。他利用强电场从灼热电线之类的材料中分离出一束电子，然后让它穿过两片带电电容板之间的空间（图14）。由于这束电子携带负电荷——或者更准确地说，它本身就是负电荷——所以它会被电容正极吸引，同时被负极排斥。

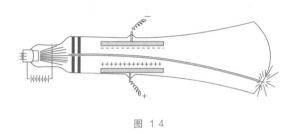

图 14

如果在电容后面放一块荧光屏，我们很容易就能观察到电子束的偏转。知道了单个电子的电量和它在特定电场中的偏转程度，就能估算出电子的质量，于是我们发现，电子真的很轻。事实上，汤姆孙发现，单个电子的质量只有氢原子质量的1/1840，这意味着原子质量主要来自带正电的组件。

虽然汤姆孙正确地预见到了原子内部有大量运动的带负电的电子，但他认为原子内部的正电荷是均匀分布的，这个观点错得有点离谱。1911年，卢瑟福证明了贡献原子大部分质量的正电荷实际上集中在原子中央一个非常小的原子核里。这个结论来自他的一个著名实验，这个实验的目的是研究所谓的"阿尔法（α）粒子"穿过物质时是否会发生散射。α粒子是特定不稳定元素（例如铀或镭）的原子自发分裂而释放的高速微粒，科学家已经证明了 α 粒子的质量近似原子质量，而且它携带正电荷，所以它一定就是原子中带正电的组件。α 粒子穿过目标材料的原子时会被其内部的电子吸引，同时被正电组件排斥。不过，由于电子实在太轻，所以它们无法影响入射 α 粒子的运动，就像一大群蚊子也不可能影响受惊飞奔的大象。但从另一方面来说，由于原子中携带正电的组件与入射 α 粒子的质量相当，所以只要二者的距离够近，前者必然影响后者的运动，使之偏离原有轨道，向着四面八方散射。

卢瑟福用一束 α 粒子照射一片铝箔，然后惊讶地发现，要解释他在实验中观察到的结果，就必须假设入射 α 粒子与原子正电组件之间的距离不到原子直径的千分之一。当然，要满足这样的条件，唯一可能的解释是，入射 α 粒子和原子正电组件的尺寸都只有原子的几千分之一。卢瑟福的发现推翻了汤姆孙"正电荷均匀分布"的原子模型，他的新理论认为，尺寸极小的原子核位于原子中央，周围环绕着一大群带负电的电子。现在的原子不再是西瓜的形状（电子就是西瓜籽），看起来倒更像是缩微版的太阳系，原子核类似太阳，电子类似行星。

原子和太阳系不仅结构相似，还有其他很多共同点：原子核的质量相当于原子总质量的 99.97%，而太阳系 99.87% 的质量都集中在太阳里；围绕原子核运行的电子之间的距离相当于电子直径的几千倍，太阳系内行星间的距离与行星直径的比值差不多也是这个数。

不过，二者最重要的相似之处在于，原子核和电子之间的电磁力与距离的平方成反比，太阳和行星之间的引力也遵循同样的数学规律。所以电子沿圆形和椭圆形轨道绕着原子核运动，就像太阳系里的行星和彗星一样。

根据原子内部结构的上述理论，不同化学元素的原子之所以有所区别，原因必然是不同原子内部绕核运动的电子数量不同。由于原子整体呈电中性，绕核运动的电子数量必然等于原子核携带的正电荷数量，根据 α 粒子因原子核的排斥而产生的偏移散射，我们又能直接估算出原子核携带的正电荷数量。于是卢瑟福发现，如果将所有化学元素按照从轻到重的顺序排列起来，那么每一种元素的原子包含的电子数都比前一种元素多一个。这样一来，氢原子只有1个电子，氦原子有2个电子，锂有3个，铍有4个，以此类推，直到最重的自然元素铀，它一共拥有92个电子。

元素周期表

原子在这个序列中的排位通常被称为该元素的原子序数，根据元素的化学性质，化学家编制了一张化学元素周期表，这张表格中的原子编号和位置也与它的序数保持一致。这样一来，任何一种元素的物理性质和化学性质都可以简单地用绕核旋转的电子数量来表示。

19 世纪末，俄国化学家 D. 门捷列夫注意到，自然序列中的元素的化学性质呈现出明显的周期性。他发现，这些元素的性质每隔一定数目就会重复一次，图 15 生动

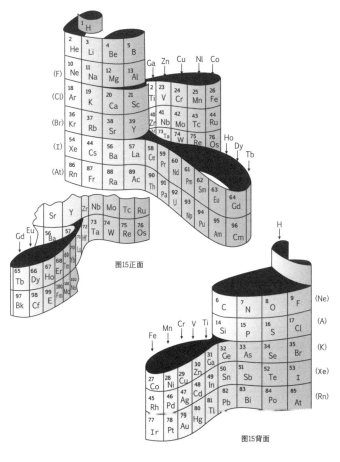

图15正面

图15背面

图 15

地体现了这样的周期性，在这幅图中，代表已知元素的所有符号沿着圆筒表面排成了一条螺旋状的带子，拥有类似性质的元素都落在同一列里。我们看到，第一组元素只有两种：氢和氦；接下来的两组分别包含了八种元素；最终元素性质的重复周期扩大到了18种。如果你还记得，自然序列中每种元素的原子都比前一种多一个电子，那么我们必将得出一个无法回避的结论：元素的化学性质之所以会呈现出明显的周期性，这必然是因为原子内部的电子——或者说"电子层"——拥有某种重复出现的稳定结构。第一层最多能容纳两个电子，接下来的两层分别能容纳八个电子，再往外的电子层最多能容纳18个电子。通过图15我们还会发现，元素的自然序列进入第六个和第七个周期以后，元素性质那严格的周期律似乎被打乱了，这一块的两组元素（所谓的稀土元素和锕系元素）必须抽取出来单独放到一边。之所以会出现这样的异常现象，是因为这些元素原子内部的电子层结构比较特殊，从而影响了它们的化学性质。

既然我们已经知道了原子的模样，现在我们可以找找这个问题的答案了：是什么样的力将不同元素的原子结合在一起，形成各种各样的复杂化合物分子？比如说，钠原子和氯原子为什么会结合形成食盐分子？我们可以在图16中看到，氯原子的第三个电子层少了一个电子，而钠原子在填满第二个电子层以后，正好有一个多余的

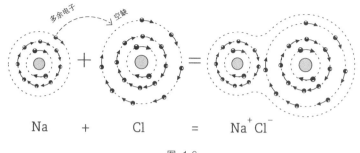

多余电子　　　　　空缺

Na　　　+　　　Cl　　　=　　　Na$^+$Cl$^-$

图 16

电子。所以来自钠原子的多余电子必然倾向于与氯原子结合，填满后者的第三个电子层。失去了一个电子（带负电荷）的钠原子带正电，与此同时，得到一个电子的氯原子带负电。在电磁力的吸引下，两个带电原子（或者说离子）结合起来形成氯化钠分子，俗称食盐。以此类推，氧原子的最外层少了两个电子，所以它会从两个氢原子处分别"绑架"一个电子，形成一个水分子（H_2O）。换句话说，氧原子通常对氯原子没兴趣，氢原子和钠原子也很难擦出火花，因为前面那两个家伙都劫掠成性，不习惯付出，与此同时，后面的两种原子都对掠夺没兴趣。

　　氦、氩、氖、氙等电子层完整的原子既不需要夺取也不必付出多余的电子，它们更喜欢自己跟自己玩，所以这些元素（所谓的"稀有气体"）的化学性质很不活泼。

　　这个小节我们主要介绍了原子和它的电子层，本节结束之前，我们还得讨论一下原子携带的电子在金属类物质中扮演的重要角色。金属和其他材料很不一样，因为金属原子内部的外层电子与原子核的结合十分松散，所以常常会有一两个电子挣脱原子核的束缚，成为自由电子。这样一来，金属材料内就有大量漫无目的游荡的自由电子，就像一群无家可归的流浪汉。如果给金属丝通电，这些自由电子会顺着电压的方向狂奔，形成我们所说的电流。

金属之所以拥有优秀的导热性能，也是因为自由电子的存在——但这部分内容我们留到后面的章节再讲。

微观力学与不确定性原理

通过研究原子系统的力学特性、构建所谓的量子力学，我们为科学引入了全新的元素。量子力学基于科学家发现的一个事实：两个不同物体之间的任何相互作用存在一个确定的下限。这个发现彻底颠覆了"物体运动轨道"的经典定义。事实上，如果说运动物体必然拥有一条数学意义上的精确轨道，那就意味着我们有可能利用某种专门的物理设备来记录它的运动轨道。但是，千万别忘了，记录轨道的行为必然干扰物体的运动；事实上，根据牛顿的作用力与反作用力定律，如果运动物体对记录其在空间中连续位置的测量设备产生了某种影响，那么这台设备必然对它产生反作用力。按照经典物理的假设，两个物体（此处指的是运动物体和记录其运动的设备）的尺寸不受限制，可以任意缩小，那么我们或许可以设想一种非常灵敏的理想设备，它既能记录运动物体的连续位置，又完全不会干扰后者的运动。

但是，物理相互作用下限的存在彻底改变了讨论的前提，现在我们不能再随心所欲地削弱测量设备带来的干扰。这样一来，观察对运动的干扰变成了运动中不可或缺的一部分，物体运动的轨道也不再是数学意义上无限细的一条线，我们不得不将它视为空间中有一定厚度的弥散的条带。经典物理中数学意义上的清晰轨道变成了新力学里弥散的宽条。

不过，物理相互作用的最小量——它更常用的名字是"作用量子"——是一个非常小的值，只有在研究极小物体的运动时才有意义。比如说，虽然手枪子弹的运动轨道并不是数学意义上的清晰线条，但这条轨道的"厚度"比组成子弹的物质的原子尺寸小很多个数量级，所以实际上我们可以将它视为零。不过，如果将研究对象换成更容易被测量干扰的更轻的物体，我们就会发现，

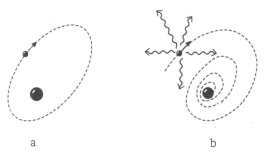

a   b

图 17

图 18

SPHERICAL "ORBIT"
球状"轨道"

DOUGHNUT "ORBIT"
甜甜圈"轨道"

运动轨道的"厚度"变得越来越重要。对于绕核运动的电子来说，运动轨道的厚度与其直径尺度相当，所以我们不能像图 17 一样用线条来描绘电子的运动，而只能把它画成图 18 所示的样子。在这种情况下，我们不能再用经典力学中那些熟悉的术语来描述粒子的运动，它的位置和速度必然具有一定的不确定性（海森堡的不确定性原理和玻尔的互补原理）。

新物理学将我们熟悉的很多概念一股脑地扔进了废纸篓，什么运动轨道、绝对位置，还有运动粒子的速度，这样的进展过于惊人，我们简直觉得难以呼吸。既然不能再用这些曾经被公认的基本原理研究原子内部的电子，那我们该用什么基础工具来理解电子的运动呢？为了应对量子力学中位置、速度、能量等参数的不确定性，我们需要一套取代经典力学方法的数学体系。

要回答这些问题，我们可以借鉴经典光学理论的经验。我们知道，要解释日常生活中观察到的大部分光学现象，我们都可以采用一个基本假设：光沿直线传播，所以我们才会叫它"光线"。光线反射和折射的基本定律（图19a、b、c）可以解释很多东西，例如不透明物体投下的影子，平面镜和曲面镜成像，以及镜片和各种更复杂

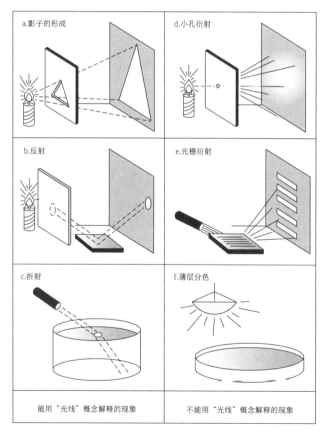

图 19

的光学系统的运作原理。

　　但我们也知道，如果光学系统中的小孔与光的波长尺度相当，将光当成线来研究其传播方式的几何光学方法就会彻底失效。这种现象被称为"衍射"，几何光学完全无法解释光的衍射。这样一来，如果一束光穿过一个很小很小的孔（尺度只有 0.0001 厘米），它就不再沿直线传播，而是散射形成特殊的扇状图样（图 19d）。要是一束光照在一面刻有大量平行细线（"衍射光栅"）的镜子上，它就不再遵循我们熟悉的反射定律，而是转而投向不同的方向，具体取决于细线之间的距离和入射光的波长（图 19e）。我们还知道，水面上薄薄一层油反射出来的光会形成明暗相间的特殊条纹（图 19f）。

　　在这些例子里，熟悉的"光线"概念无法解释我们观察到的现象，我们必须用一种新的认识来取代它：光能均匀分布在光学系统占据的整个空间中。

　　我们很容易看到，"光线"的概念无法解释光学衍射现象，这和经典力学中"轨道"的概念无法解释量子力学现象如出一辙。我们不能将光视作绝对的线，同样地，根据量子力学原理，我们也不能说运动粒子的轨道无限细。在这两种情况下，我们都不能再说某种事物（无论是光还是粒子）沿着数学意义上的线（无论是光线还是运动轨道）传播，只能采用另一种表达方式来解释观察到的现象："某种事物"连续散布在整个空间中。对光来说，这种事物就是光在各个点的振动强度；而对于量子力学来说，这种事物是新引入的位置不确定的概念，在任意给定时刻，运动粒子可能出现的位置有好几个——而不是确定的一个——而且它出现在各个位置的概率不尽相同。我们无法再准确描述给定时刻运动粒子的确切位置，但可以根据"不确定性原理"算出它可能存在的范围。我们用光的波动理论来解释衍射现象，用新的"微观力学"或者"波动力学"（由 L. 德布罗意和 E. 薛定谔建立）解释机械粒子的运动，通过一个实验，我们可以清晰地看到这两组现象之间的联系。

图 20 画的是 O. 施特恩研究原子衍射的实验装置。一束利用本章前文描述的方法制造出来的钠原子被一块晶体的表面反射。在这个实验中，对入射的粒子束来说，组成晶格的普通原子层扮演了衍射光栅的角色。实验者利用一系列放置角度各不相同的小瓶子来收集被反射的钠原子，然后仔细测量每个瓶子收集到的原子数量。最后的结果如图 20 所示，瓶子里的阴影代表收集到的原子。我们看到，经过反射的钠原子不再奔向一个确定的方向（就像小玩具枪向一块金属板发射的弹珠那样），而是不均匀地分布在一定的角度内，其规律和 X 射线的衍射图样十分相似。

经典力学认为单个原子沿着确定的轨道运动，所以它无法解释这样的实验；但新的微观力学对粒子运动的

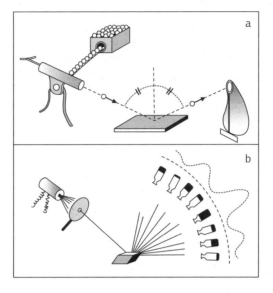

图 20

解释类似现代光学解释光波的传播，从这个角度来说，我们刚才观察到的现象就很好理解了。

第七章

现代炼金术

在内聚力的作用下，原子核内的核子像罐头里的沙丁鱼一样紧紧挤在一起。

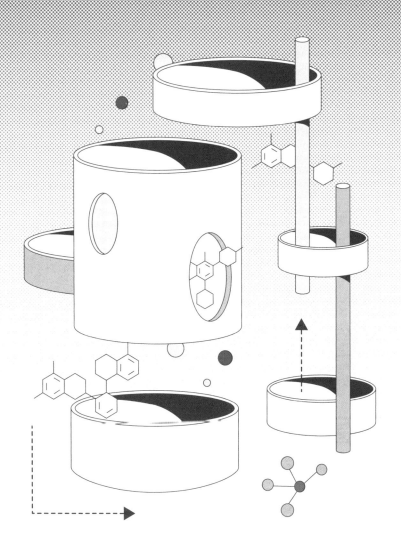

基本粒子

现在我们或许可以说，尽管已知的物质千姿百态，种类多不胜数，但追根溯源，它们其实都是两种基本粒子的不同组合：（1）核子，物质的基本粒子，它可能是电中性的，也可能携带一个正电荷；（2）电子，自由负电荷（图 21）。

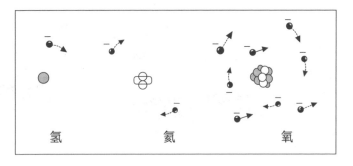

图 21

下面我们从"物质烹饪全书"中摘录几个菜谱，看看宇宙厨房如何从装满核子与电子的储藏室里取出原料，制造出各种菜肴：

水。准备大量氧原子，用八个电中性的核子和八个带正电的核子拼成一个原子核，然后把它装进八个电子组成的信封，一个氧原子就做好了。准备两倍数量的氢原子，这种原子制造起来比较简单，只需要将一个电子贴在一个带正电的核子上就好。给每个氧原子配两个氢原子，混合之后我们就得到了一堆可以装在大玻璃杯里端上桌的冰冷的水分子。

食盐。用 12 个电中性核子和 11 个带电核子组成钠原子核，然后用 11 个电子将它裹好，钠原子就做好了。准备等量的氯原子，它的原子核由 18 个或者 20 个（同位素）电中性的核子和 17 个带电核子构成，每个原子核配备 17 个电子。将钠原子和氯原子排列在三维棋盘格里，我们就得到了普通的食盐晶体。

TNT。用六个中性核子和六个带电核子组成原子核，加入六个电子，制造出碳原子。再用七个中性核子、七个带电核子和七个电子拼成氮原子。氧原子和氢原子的制造方法如上所述（见"水"词条）。将六个碳原子排成环状，第七个碳原子贴在环外面。给碳环上的三个碳原子分别贴上一对氧原子，别忘了在氧和碳之间加一个氮原子。将三个氢原子贴在孤零零留在环外的那个碳原子上，再给环内空闲的二个碳原子各添加一个氢原子。将制造出的分子排列成规律的图样，形成大量细小的晶体，然后把所有晶体压紧。处理的时候请务必小心，因为这样的结构很不稳定，极易爆炸。

原子的心脏

既然我们已经全面认识了参与构造物质的基本粒子的特征和性质，那么现在，我们或许可以开始更深入地研究原子核，它是每个原子的心脏。从某种程度上说，原子的外层结构类似微型行星系，但原子核本身的内部结构完全是另一幅图景。首先我们必须明确一件事：将原子核的各个部件结合在一起的力绝不仅仅是电磁力，因为组成原子核的粒子有一半（中子）完全不带电，而另一半（质子）携带正电，所以后者必然互相排斥。如果这些粒子之间只存在斥力，那它们肯定没法组成稳定的结构！

因此，要理解原子核内的各个组件为何能结合在一起，我们必须假设这些粒子之间存在另一种力，而且它是一种能够同时作用于带电和不带电核子的引力。这种无视粒子本身特性的引力通常被称为"内聚力"（cohesive force），比如说，普通液体分子就是靠内聚力结合在一起的，所以它们才不会四下飞散。

原子核内部的独立核子之间也存在类似的内聚力，

所以原子核才不会被质子之间的斥力拆散。这样一来，在内聚力的作用下，原子核内的核子像罐头里的沙丁鱼一样紧紧挤在一起；而原子核外又是另一番景象：核外的电子分为好几层，每个电子都有充足的活动空间。本书作者首次提出了一个观点：我们可以认为原子核内部的组件排列方式类似普通液体分子。和普通液体一样，我们在原子核里也看到了重要的表面张力现象。或许你还记得，液体之所以会产生表面张力，是因为液体内部的粒子同时受到各个方向邻居的拉力，而表面的粒子受到的只有指向液体内部的拉力。

这样一来，不受外力作用的液滴总是倾向于形成理想球体，因为在体积相同的情况下，球体的表面积最小。所以我们得出结论：或许可以将不同元素的原子核简单地视为性质相似但尺寸各异的"核液体"液滴。不过别忘了，虽然从定性的角度来说，核液体的性质类似普通液体，但从定量的角度去看，二者却相去甚远。事实上，核液体的密度超过了水的 240,000,000,000,000 倍，所以它的表面张力大约是水的 1,000,000,000,000,000,000 倍。

现在，假设我们能用核液体涂一层膜，那么它的自重将高达 5000 万吨（大约相当于 1000 艘远洋客轮），金属丝能够承受的砝码质量约为 1 万亿吨，差不多相当于火星的第二颗卫星"得摩斯"！想用核液体吹个肥皂泡，你的肺活量一定很惊人！

轰击原子

虽然原子重量的整数特性为原子核的复杂结构提供了有力的证据，但要彻底证明原子核的确拥有这样的复杂结构，我们必须设法将原子核分解成两个或者更多的独立部件，才能获得最直接的证据。

1896 年，贝可勒尔发现了放射性的存在，我们由此第一次看到了分裂原子的可能性。事实上，人们发现，靠近元素周期表尽头的元素（例如铀和钍）释放的高穿透性射线（类似普通 X 射线）来自原子缓慢的自发衰变。科学家深入研究了这些新发现的现象，很快得出结论：重原子核会自发衰变，分裂成两个相差悬殊的部件，（1）其中一个部件非常非常小，人们称之为 α 粒子，其实它就是氦原子核；（2）失去 α 粒子的原子核残骸成为新形成的子元素原子核。初始铀原子核分裂释放 α 粒子，残余的子元素原子核被称为铀 XI；后者经历了内部电荷调整过程以后会释放两个自由负电荷（普通电子），变成铀同位素的原子核，它比初始的铀原子核轻四个单位。接下来，释放 α 粒子的裂变过程和释放电荷的调整过程循环重复，最终我们得到了铅，这种元素的原子核看起来十分稳定，不会继续衰变。

我们在另外两组放射性元素中也观察到了这种交替释放 α 粒子和电子的连续放射性反应：以重元素钍为首的钍系元素和以锕 - 铀为首的锕系元素。这三组元素都会自发衰变，最终只剩下铅的三种同位素。

对照前文，我们刚才介绍的自发放射衰变可能会让好奇的读者深感惊讶。我们之前说过，周期表后半部分所有元素的原子核都不稳定，因为它们内部的电斥力超过了凝聚原子核的表面张力。既然所有重于银的原子核都不稳定，那么自发衰变的为什么只有铀、镭、钍这几种最重的元素？答案是这样的：虽然从理论上说，重于银的所有元素都应该被视为放射性元素，而且它们的确会缓慢衰变成更轻的元素；但在大多数情况下，这种自发衰变的速度极慢，我们根本不会注意到它的存在。因此，我们熟悉的碘、金、汞、铅等元素可能要过好几百年才有一两个原子发生衰变，这样的速度实在太慢，哪怕是最灵敏的物理设备也无法探测到它的存在。只有那些最重的元素才有足够强的自发衰变趋势，因此它们才会表现出明显的放射性。这种相对转化率还决定了特定不稳定原子核分裂的方式。比如说，铀原子核分裂的方式有好几种：它可能自发分裂形成两个完全相同的部分，也可能分裂成三个相同部分，还可能分裂成好几个大小各异的部分。其中最容易发生的是铀原子核分裂成一个 α 粒子和一个子元素原子核，所以这种裂变出现的频率最高。观察结果表明，铀原子核释放一个 α 粒子的概率比它自发分裂成两半的概率高 100 万倍左右，所以在 1 克铀里，每一秒都有上万个原子核分裂释放一个 α 粒子，但要观察到一个原子核裂成两半的自发衰变，我们得耐心等待好几分钟！

　　放射性现象的发现确凿无疑地证明了原子核结构的复杂性，也为我们开辟了人工制造（或者引发）核反应的道路。我们不禁要问：既然特别不稳定的重元素原子核有可能自发衰变，那么我们能不能用高速运动的核粒子轰击其他普通的不稳定元素，利用足够强大的力量把它们撞碎？

　　为了回答这个问题，卢瑟福决定用不稳定放射性原子核自发衰变产生的核碎片（α 粒子）密集轰击各种普通稳定元素的原子。1919 年，卢瑟福在第一次核反应实验中使用的设备如图 22 所示，和今天的物理实验室用来轰击原子的巨型设备相比，卢瑟福的工具真是简单到了极点。它的主体是一个抽真空的圆筒，底部开了一个小洞，上面蒙着一层荧光材料制成的薄屏（c）。轰击原子的 α 粒子来自放置在金属板上的一小撮放射性物质（a），被

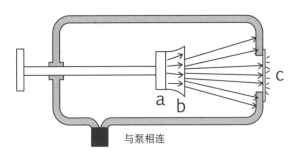

与泵相连

图 22

轰击的元素（这里用的是铝）制成了一张金属箔（b），安放在一定距离以外。金属箔靶子以一种特殊的方式安放，入射的所有 α 粒子都会嵌在上面，所以它们绝不会点亮荧光屏。除非轰击导致靶标材料释放出次级核碎片，否则荧光屏将始终保持黑暗。

所有设备就位以后，卢瑟福通过显微镜观察荧光屏，结果看到了一幕绝不同于黑暗的动人景象。整块荧光屏的表面闪烁着无数星星点点的光芒！每个光点都是由一个质子撞击荧光材料而产生的，而每个质子都是入射 α 粒子从靶标铝原子里轰出来的"碎片"。就这样，人工转化元素的过程从理论上的可能性变成了不容置疑的科学事实。

卢瑟福完成这项经典实验之后的几十年里，人工转化元素的科学成为物理学领域最大、最重要的一个分支，科学家制造高速粒子以轰击原子核的技术和观察实验结果的方式都取得了长足的进步。

核物理学

"核物理学"这个术语其实很不准确，但和其他很多以讹传讹的词语一样，我们对此毫无办法。既然"电学"描述的是自由电子束应用这个广阔领域的知识，那么以此类推，"核物理学"也应该是一门研究核能大规模释放的应用科学。我们在前几节中已经看到，各种化学元素

（除了银以外）的原子核都携带着大量内能，这些能量可以通过聚变（较轻的元素）或裂变（较重的元素）的形式释放出来。我们还知道，人工加速带电粒子轰击原子核的方法虽然的确为各种核反应的理论研究带来了极大的便利，但我们不能指望大规模实际应用这种方法，因为它的效率实在低得离谱。

既然从本质上说，α 粒子、质子等普通粒子之所以效率低下，是因为它们带电，所以它们在穿过原子时会损失能量，因而无法有效靠近靶标材料的带电原子核，那么你肯定觉得，不带电的高速粒子效果应该更好，我们可以用中子轰击各种原子核。但新的问题又冒了出来！因为中子能够轻而易举地穿透原子结构，所以自然界并不存在自由中子；就算我们利用某种入射粒子人为地从原子核中轰出一个自由中子（比如说，α 粒子轰击铍原子核就能产生一个中子），它也不会存在太长时间，周围的其他原子核很快就会重新将它捕获。

因此，要制造出轰击原子核的强大中子束，我们必须设法释放某种元素原子核内的所有中子。要达到这个目标，我们又绕回了低效带电粒子的老路。

不过，还有一个办法可以跳出这个怪圈。如果能够设法用中子轰击靶标原子核产生中子，而且每次裂变产生的子代中子数量大于初始中子，那么这些粒子就会像兔子或被感染组织内的细菌一样繁殖，一个中子在极短的时间内就能产生数目可观的后代，足以轰击一大块靶标材料的每一个原子核。

正是因为人们发现了这样一种能让中子以几何级数增殖的特殊核反应过程，才引发了物理学领域的一场大爆炸，原本只是研究物质最本质特性的核物理学也因此走出了科学肃静的象牙塔，卷入了报纸头条、狂热的政治讨论、大规模工业生产和军事研发的喧嚣漩涡。读报的人都知道，铀原子核的裂变会释放出核能（它更常见的名字是"原子能"），直到1938年，哈恩和斯特拉斯曼才发现了这种核反应过程。但要是你以为裂变本身（重原子核分裂成两个大致相同的部件的过程）能够促进核反应的发生，那就大错特错。事实上，裂变产生的两块核碎片都携带大量电荷（每块碎片携带的电荷约等于初始铀原子核的一半），所以它们无法靠近其他原子核；这些碎片

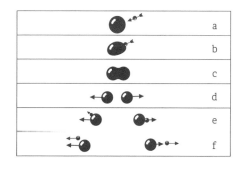

图 2 3
裂变过程的各个阶段

很快就会在周围原子的电子层中消耗掉极高的初始能量，进入静止状态，无法制造下一步裂变。

对于可自发持续的核反应来说，裂变过程之所以那么重要，是因为人们发现，原子核裂变产生的每一块碎片在停止运动之前都会释放一个中子（图23）。

第八章

无序定律

水分子时时刻刻都在剧烈运动，彼此推搡，就像狂热的人群。

热的无序

倒一杯水，仔细观察，你会看到一杯清澈的均匀液体，它的内部似乎不存在任何结构或者运动（只要你别晃它）。但我们知道，水的均匀一致只是一种表面现象，如果将这杯水放大几百万倍，你将看到大量水分子紧紧挤在一起，形成粗粝的颗粒结构。

在同样的放大倍数下，你还会看到水的内部并不平静，水分子时时刻刻都在剧烈运动、彼此推搡，就像狂热的人群。水分子——或者说所有物质分子——的这种不规律运动被称为热运动，因为它直接表现为热现象。虽然人类的眼睛既看不到分子也看不到分子的热运动，但这种运动会对人体神经纤维产生一种特定的刺激，让我们感觉到"热"。对于那些比人类小得多的生命体（譬如悬浮在水滴中的细菌）来说，热运动带来的影响就大得多了，来自四面八方的躁动分子一刻不停地推挤、踢打这些可怜的小生物，让它们不得安宁（图 24 ）。这种有趣的现象被称为布朗运动；100 多年前，英国植物学家罗伯特·布朗在研究细小的植物孢子时首次注意到了这种现象，布朗运动因此而得名。这是一种普遍存在的运动，悬浮在任意液体中的足够小的任意微粒都会产生布朗运动，空气中悬浮的烟雾和尘埃微粒也会表现出同样的性质。

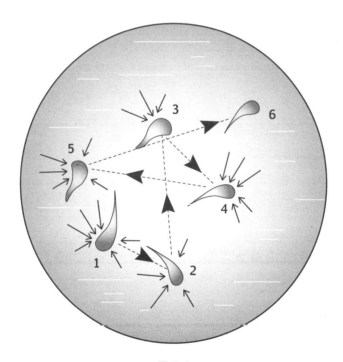

图 2 4
细菌在分子的撞击下连换了六个位置
（这幅示意图的物理原理肯定是对的，但从细菌学的角度来看就不一定了）

我们加热液体时，这些微粒的狂野舞步将变得更加激烈；不过一旦降低温度，布朗运动的强度就会显著下降。毫无疑问，这说明布朗运动实际上是物质看不见的热运动造成的结果，而我们通常所说的温度其实不过是度量分子热运动剧烈程度的一种标准。人们研究了布朗运动和温度之间的关系，结果发现，当温度达到 -273℃时，物质分子会完全停止热运动，所有分子归于静寂。显然，这就是宇宙中的温度下限，我们称之为"绝对零度"。如果有人说，还有更低的温度，那就太荒谬了，因为世上没有比绝对静止更慢的运动！

　　温度接近绝对零度时，任意物质分子包含的能量都只有一点点，所以内聚力会将它压成一块坚硬的固体，所有分子只能在这种近乎凝固的状态下产生一点微弱的颤抖。随着温度的上升，这样的颤抖会变得越来越剧烈，到了某个特定的阶段，这些分子就会获得一定的自由度，它们可以互相滑动了。冻结的固体就这样变成了液体。这种融化过程必须在特定的温度下才会发生，具体取决于物质分子的内聚力强度。某些材料的分子内聚力非常微弱，例如氢或者组成空气的氮氧混合物，所以热运动在比较低的温度下就能打破分子的冻结状态。因此，固态氢只能存在于 -259℃ 以下的低温环境中，而固态氧和固态氮的熔化温度（熔点）分别是 -218℃ 和 -209℃。另一些物质的分子内聚力更强，所以它们需要继续升温才会熔化，正是出于这个原因，纯酒精的熔点达到了 -130℃，而冻结的水（冰）的熔点是 0℃。还有一些物质能在更高的温度下保持固态，比如说，铅的熔点是 327℃，铁是1535℃，稀有金属锇的熔点高达 2700℃。虽然固体状态下的物质分子被牢牢地束缚在原地，但这并不意味着它们就不受热运动的影响。事实上，根据热运动的基本定律，给定温度下任何物质的每一个分子携带的能量完全相同，无论它是固体、液体还是气体，它们唯一的不同之处在于，对某些物质而言，这么多能量足以帮助分子摆脱束缚、自由运动，而另一些物质分子只能在原地剧烈颤抖，就像一群被短链子拴紧的怒犬。

我们可以通过上一章介绍的 X 光照片轻松观察到固体分子的这种热颤抖，或者说热振动。拍摄晶格内的分子照片需要相当长的一段时间，所以在曝光过程中，分子绝不能离开它原来的位置，这一点非常重要。但是，分子在固定的位置上不断颤抖，这必然干扰曝光，在照片上留下模糊的影子。我们在各种各样的分子"集体照"里就能观察到这种现象。所以，要拍出清晰的照片，我们必须尽可能地冷却晶体，因此分子摄影师有时候会把他的"模特"浸泡在液态空气里。从另一方面来说，如果我们持续加热晶体，拍出的照片就会变得越来越模糊；温度到达熔点的那一刻，规律的晶体图样彻底消失，因为分子离开了原来的位置，开始在熔化的物质中做不规律运动。

熔化后的固体分子仍会聚成一团，因为热运动的强度虽然足以帮助它们摆脱晶格的束缚，但还不足以将它们彻底分开。不过，随着温度继续升高，内聚力无法再束缚分子，它们开始四下飞散；要想阻止这一切，除非你用一堵墙把这团物质围起来。当然，到了这一步，物质就变成了气态。既然固体的熔点各不相同，不同的液体自然也有不同的蒸发温度（沸点），内聚力较弱的物质沸点相对较低，反之亦然。压力也会影响液体的蒸发过程，因为来自外界的压力会帮助内聚力束缚分子。我们都知道，密闭水壶里的水沸点比敞口壶里的高。从另一方面来说，由于高山顶上的气压明显低于山脚，所以那里的水在100℃以下就会沸腾。值得一提的是，我们可以通过测量水的沸点推算当地的大气压，继而确定海拔高度。

物质的熔点越高，它的沸点也越高。所以液氢的沸点是-253℃，液氧和液氮的沸点分别是-183℃和-196℃，酒精在78℃沸腾，铅在1620℃，铁在3000℃，铑必须达到5300℃以上的高温才会沸腾。

美丽的晶体结构被打破后，物质分子先是紧紧地挤成一团，就像一窝虫子，然后它们又像受惊的鸟儿一样四下飞散。但后面这种现象还不是热运动破坏力的极限。如果温度继续升高，就连分子本身也岌岌可危，因为越来越剧烈的碰撞会将分子撕裂成原子。这种热离解过程取决于分子自身的强度。一些有机物分子在几百摄氏度的"低温"下就会分解成独立的原子或原子团，但另一些更稳定的分子（例如水）需要1000℃以上的高温才会溃散。但任何分子都无法在几千摄氏度的高温下存活，在这样的高温环境中，物质将变成纯化学元素组成的气态混合物。

温度高达6000℃的太阳表面就处于这种状态。从另一方面来说，红巨星的大气层温度相对较低，所以有一部分分子能够幸存下来，我们可以通过光谱分析法观测到它们的存在。

高温下剧烈的热碰撞不仅会将分子撕裂成原子，还会剥夺原子的外层电子。如果温度升高到几十万甚至几百万摄氏度，这种热电离过程就会变得越来越明显。这样极端的高温超过了我们能在实验室里达到的上限，在恒星尤其是太阳内部却很常见。就连原子也无法在这样的酷热环境中幸存，它的所有外层电子都会被剥夺，物质最终会变成赤裸的原子核与自由电子组成的混合物，电子在空间中高速运动，以极其强大的力量互相碰撞。不过，尽管原子已经残缺不全，但物质仍保留了最基本的化学性质，因为它的原子核仍原封未动。如果温度有所下降，原子核将重新捕获电子，再次形成完整的原子。

计算概率

接下来我们将做进一步的讨论，试图理解最重要的熵增定律，它规范了所有物体的热行为，从微不足道的液滴到恒星组成的庞大宇宙；不过在此之前，我们需要先学习一下如何计算或简单或复杂的不同事件的概率。

扔硬币是最简单的概率问题。大家都知道，扔硬币的时候（不作弊的情况下）出现正面和反面的概率完全相等。人们常说，正反面五五开，但在数学领域中，更合适的描述是二者出现的概率一半对一半。我们将出现正面和反面的概率相加，那就是 1/2+1/2=1。在概率论的世界里，整数 1 意味着百分百确定；事实上，在扔硬币的时候，你的确有十足的把握，最后的结果不是正面就是反面，除非硬币滚到沙发底下再也找不着了！

假如你连续扔两次硬币，或者同时扔两个硬币——这两种做法其实完全一样——那么很容易看到，可能得到的结果共有四种。

在第一种情况下，你得到了两个正面，最后一种情况则是两个反面，中间两种情况实际上完全相同，它们都是一正一反，而你并不在乎正反面出现的顺序（或者出现在哪个硬币上）。因此，我们可以说，扔出两个正面的概率是 1/4，扔出两个反面的概率也是 1/4，而一正一反的概率是 2/4，或者说 1/2。1/4+1/4+1/2=1，这意味着可能的组合一共就这三种。现在我们再来看看扔三次硬币又是什么情况。这个实验可能出现的八种结果如下表所示：

	I	II	II	III	II	III	III	IV
第一次	正	正	正	正	反	反	反	反
第二次	正	正	反	反	正	正	反	反
第三次	正	反	正	反	正	反	正	反

观察这张表格，你会发现扔出三个正面的概率是1/8，三个反面的概率也是1/8，剩下的可能性由一正二反和一反二正这两种情况均分，二者的概率都是3/8。

概率表格增长的速度很快，不过我们可以再往前走一步，扔四次硬币看看。在这种情况下，可能出现的16种结果如下表：

	I	II	II	III	II	III	III	IV
第一次	正	正	正	正	正	正	正	正
第二次	正	正	正	正	反	反	反	反
第三次	正	正	反	反	正	正	反	反
第四次	正	反	正	反	正	反	正	反

	I	II	II	III	II	III	III	IV
第一次	反	反	反	反	反	反	反	反
第二次	正	正	正	正	反	反	反	反
第三次	正	正	反	反	正	正	反	反
第四次	正	反	正	反	正	反	正	反

现在我们有 1/16 的概率扔出四个正面，扔出四个反面的概率同样是 1/16；三正一反和一正三反的概率都是 4/16，或者说 1/4；而二正二反的概率是 6/16，或者说 3/8。

如果你继续扔硬币，概率表会变得越来越长，纸上很快就写不下了；举个例子，如果扔十次硬币，那么可能的结果共有 1024 种（2×2×2×2×2×2×2×2×⋯×2）。但我们没必要列这么长的表格，因为只要观察上面几个简单的例子，我们就能总结出简单的概率定律，这些定律可以用来解决更复杂的问题。

首先你会发现，连续扔出两次正面的概率等于第一次扔出正面的概率乘以第二次扔出正面的概率，事实上，1/4=1/2×1/2；同样地，连续扔出三次或四次正面的概率也等于每次分别扔出正面的概率相乘（1/8=1/2×1/2×1/2，1/16=1/2×1/2×1/2×1/2）。因此，如果有人问你十次都扔出正面的概率是多少，你很容易就能算出答案，那就是 1/2 的 10 次方，即 0.00098，这个概率真的很低：差不多一千次里才会出现一次！于是我们得到了"概率的乘法定理"：如果你想同时得到几样东西，那么这一事件出现的概率等于每样东西单独出现的概率相乘。如果你想要的东西真的很多，而且每样东西出现的概率都不高，那么你同时得到所有东西的概率一定低得令人沮丧！

概率论中还有一条"加法定理"：如果你只想要几样东西中的一样（哪样都行），那么你得到它的概率等于这几样东西单独出现的概率相加。

连扔两次硬币的案例充分体现了这条定理。如果你想要的结果是一正一反，那么你并不在乎是先正后反还是先反后正，而这两种情况出现的概率都是 1/4，因此，出现一正一反的总概率是 1/4 加 1/4 等于 1/2。所以，如果你想要的是"这个，和那个，以及第三个……"，那么你需要将所有东西单独出现的数学概率相乘；但如果你想要的是"这个，或那个，又或者第三个"，那么要做的就是加法了。

前一种"什么都想要"的情况下，想要的东西越多，你同时得到它们的概率就越低；而在后一种"什么都行"的情况下，单子上的备选项越多，你满足愿望的概率就越大。

"神秘"的熵

上面这几个计算概率的例子都和实际生活密切相关，我们从中学到，根据概率预测事件结果，这种方法在样本数量较少时常常令人失望，但试验次数越多，它就越准确。所以概率定律特别适合用来描述数量近乎无限的原子和分子，要知道，我们能够方便操控的最小的物体都包含着亿万个这样的粒子。因此，虽然统计学定律在描述醉鬼走路的时候只能给出一个近似的结果，因为案例中的醉鬼只有半打，他们每个人可能只会转二三十次弯；但如果将同样的定律应用于每秒钟都会碰撞几十亿次的几十亿个染色分子，我们就能得出最精准的物理学扩散定律。

刚才我们描述物理过程中概率变化的那句话可以重新表述为：物理系统中任何自发的过程必然朝着熵增的方向发展，直至最后达到熵最大的平衡态。

这就是著名的熵增定律，又叫热力学第二定律（第一定律是能量守恒定律），你已经看到了，这条定律其实并不可怕。

熵增定律又叫无序度增加定律，因为我们在上面几个例子里已经看到，分子的位置和速度完全随机分布时，熵达到最大值，所以任何试图为分子运动引入一定秩序的努力必将导致熵减。熵增定律还有另一个更实用的方程，可以通过热转化为机械运动的问题归纳出来。如果你还记得，热实际上是分子的无规律机械运动，那么你应该很容易理解，要将给定物质蕴含的热完全转化为宏观运动的机械能，这等同于迫使该物体的所有分子朝一个方向运动。

统计涨落

微观尺度下空气分子的分布其实并不均匀。如果放大足够的倍数，你会看到气体内的分子不断聚成小团，然后很快散开，但其他位置又会出现类似的分子团。这种效应叫作密度涨落，它在很多物理现象中扮演了重要的角色。比如说，阳光穿过大气的时候，空气中不均匀的分子团会散射蓝光，所以你才会看到蓝色的天空，太阳看起来也比实际颜色更红。落日时太阳变红的效应表现得特别明显，因为这时候阳光必须穿过靠近地面的密度最大的空气层。如果没有密度涨落效应，天空将一片漆黑，我们在白天也能看到星星。

普通液体也有密度和压力的涨落效应，只是看起来不那么明显；所以我们可以换一种方式来描述布朗运动：水中的悬浮微粒之所以会被推来挤去，是因为它在不同方向上受到的压力总在快速变化。当液体被加热到临近沸点时，密度涨落变得更加明显，让液体看起来略带乳白色。

现在我们可以问问自己，对于这种主要受统计涨落效应影响的小物体，熵增定律还管不管用呢？譬如说，一辈子都被周围分子推来搡去的细菌当然会对"热无法完全转化为机械运动"的描述嗤之以鼻！但是，在这种情况下，与其说熵增定律失效，我们不如说它失去了意义。事实上，熵增定律描述的是，分子运动不能完全转化为包含海量独立分子的宏观物体的运动。但对于尺度与分子本身相当的细菌来说，热运动和机械运动之间的分野其实并不存在；它感受到的分子碰撞和我们在拥挤人群中感受到的推搡完全一样。如果我们是细菌，那我们只需要把自己绑在飞轮上就能制造出第二类永动机，但如果真是这样的话，我们就失去了能够理解、使用机械装置的大脑。所以我们不是细菌，这也没什么可遗憾的。

第九章

生命之谜

层层剥开生命体的复杂结构，现在我们似乎已经触摸到了生命的基本单元。

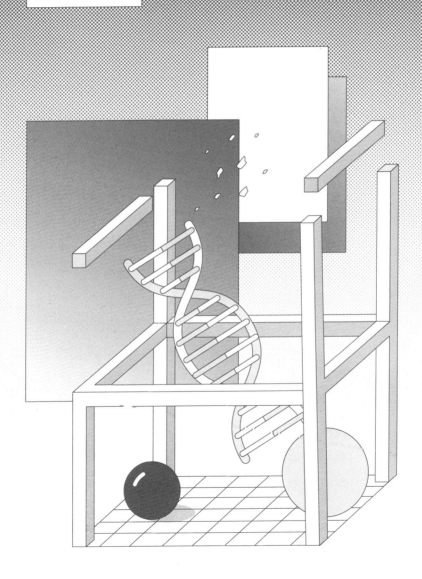

我们是由细胞组成的

讨论物质结构的时候，我们暂时跳过了数量相对较少但非常重要的一个组别，这些造物迥异于宇宙中的其他所有物体，因为它们是活的。生命体和非生命体之间的重要区别到底是什么？基本物理法则成功地解释了非生命物质的性质，但它能解释生命现象吗？

说起生命现象，我们想到的通常是一些相对比较大、比较复杂的生命体，比如说一棵树、一匹马，或者一个人。但是，要想研究生命体的基本性质，如果你试图从这些复杂的有机系统入手，那恐怕会徒劳无功，就像你没法通过汽车之类的复杂机械研究无机物的结构。

分析复杂生命体（例如人体）的时候，我们也必须先将它分解成独立的器官，例如大脑、心脏和胃，然后再将这些器官拆分成生物性质均匀的原材料，这些材料有一个共同的名字：组织。

从某种意义上说，各种组织形成复杂生命体的原理类似我们用物理性质均匀的各种物质制造机械装置。

如果你认为生物性质均匀的活组织跟其他物理性质均匀的普通物质差不多，那就错得太离谱了。事实上，随便挑一种组织（无论它是皮肤组织、肌肉组织还是脑组织，用显微镜观察一下），你就会发现，每种组织都由大量独立单位构成，这些小单位的性质大体上决定了组织的整体特性（图25）。这些生命体的基本结构单元通常被称为"细胞"，你也可以叫它"生物原子"（"不可分割之物"），因为单个的细胞是保持特定组织特性的最小单位。

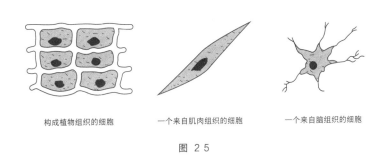

构成植物组织的细胞　　　一个来自肌肉组织的细胞　　　一个来自脑组织的细胞

图 2 5

构成组织的细胞尺寸很小（平均直径只有1%毫米）。我们熟悉的任何动植物都由极大量的独立细胞组成。比如说，成年人的身体包含了几百万亿个细胞！

要理解生命的一般特性，我们必须弄清活细胞的结构和性质。

活细胞与无生命物质，或者更确切地说，与死细胞（例如写字台里的木头细胞或者皮鞋里的皮革细胞）的区别到底是什么？活细胞独特的基本性质包括下面几种能力：（1）从周围介质中摄取自己需要的养料；（2）将这些养料转化为生长发育所需的物质；（3）活细胞的几何尺寸增长到一定程度以后会分成两个相似的细胞，其中每个细胞都跟自己原来的尺寸差不多，而且可以生长发育。当然，独立细胞组成的更复杂的生命体也普遍拥有这三种能力："进食""发育"和"繁殖"。

　　透过高倍显微镜，你会看到典型的细胞由半透明的胶状物构成，这种材料的化学结构非常复杂，我们统称为原生质。原生质周围包裹着一层"围墙"，动物细胞的"围墙"（细胞膜）薄且富有弹性；植物细胞的"围墙"（细胞壁）又厚又重，所以植物的身体总是比动物僵硬。每个细胞内部各有一个小球，也就是细胞核，它是由染色质组成的细密网络。这里必须注意的是，正常情况下，细胞内各个部分的原生质透明度完全相同，所以我们无法通过显微镜直接观察活细胞的内部结构。要看到这些结构，我们必须给细胞材料染色，因为各个部分的原生质吸收染色材料的能力不尽相同。组成细胞核的网状材料特别容易染色，所以在颜色较浅的背景中，我们可以清晰地观察到它。"染色质"也因此而得名，在希腊语中，这个词的意思是"吸收颜色的物质"。

细胞关键的分裂过程即将开始的时候，细胞核的网络结构会变得跟平时很不一样，它看起来由一系列独立的微粒组成，这些微粒通常呈纤维状或棒状，我们称之为"染色体"（"吸收颜色的物体"）。

特定物种体内的所有细胞（除了所谓的生殖细胞以外）包含的染色体数量完全相同，一般来说，越高级的生命拥有的染色体数量越多。

小小的果蝇拥有一个骄傲的拉丁学名：Drosopphila melanogaster，它帮助生物学家解开了许多基本的生命之谜，这种动物的每个细胞里有八条染色体。豌豆细胞拥有14条染色体，玉米则有20条。生物学家和其他所有人的每个细胞里有46条染色体，这真是件值得骄傲的事情，因为从数学角度来说，我们或许可以认为人比苍蝇优秀六倍，但这并不意味着拥有200条染色体的螯虾就比人类优秀四倍以上！

各个物种细胞内的染色体有一个重要的特性：它们总是成对出现；事实上，每个活细胞（但也有例外，我们稍后再讨论）里都有两套几乎完全一样的染色体（见如下照片）：其中一套来自母亲，另一套来自父亲。父母双方复杂的遗传特性通过这两套染色体代代相传，所有生物都是这样。

细胞的自发分裂从染色体开始，每条染色体沿着长度方向整齐地分裂成两条完全相同但比原来细一点的纤

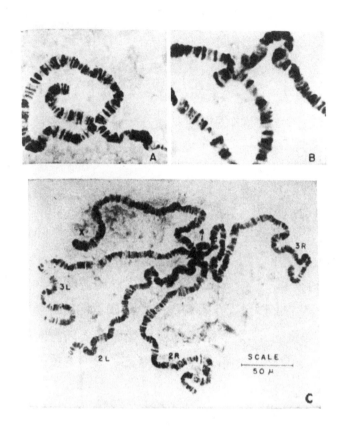

果蝇唾液腺染色体的显微照片

维，这时候细胞本身仍是原封未动的整体（图 26d ）。

　　大约就在细胞核内纠缠的染色体准备开始分裂的时候，细胞核边界附近两个名叫中心体的紧挨着的小点渐渐远离彼此，分别向细胞两端运动（图 26a、b、c ）。我们可以看到，逐渐分离的中心体与细胞核内的染色体之间仍有细线相连。等到染色体一分为二，这些细线就会收缩，将新生成的染色体分别拉向细胞两端的中心体（图26e、f）。这个过程接近尾声的时候（图26g），细胞膜开始沿着中线凹陷（图26h），逐渐形成一层薄膜，最终细胞的左右两半彻底分开，成为两个全新的独立细胞。

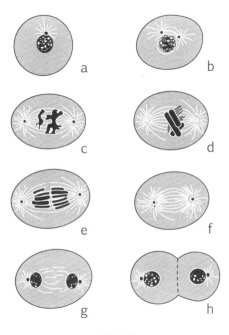

图 2 6

　　如果这两个子细胞能从外界获得充足的食物，那么它们最终会长得跟母细胞一样大（体积变成原来的两倍）；经过一段时间的休整以后，子细胞还会再次分裂，过程和我们刚才介绍的一模一样。

　　未成年的动物细胞分裂速度很快，但成年人体内的大部分细胞通常处于"休眠状态"，它们偶尔才会分裂一次，以维持生命、补充损耗。

下面我们要讲的是一种非常重要的细胞分裂过程，它会产生所谓的"配子"或者说"婚姻细胞"，帮助动物实现繁殖。

所有双性生命体在诞生之初都会将一部分细胞"储存"起来，以备将来繁殖所需。这些细胞位于特殊的繁殖器官内，在生物发育成长的过程中，它们分裂的次数比其他普通细胞少得多，所以直到生物准备繁殖后代的时候，这批储备的细胞依然十分新鲜、活力十足。除此以外，繁殖细胞的分裂过程比我们刚才讲的普通细胞的分裂过程简单得多：它们细胞核内的染色体不会先复制自身然后一分为二，而是直接分配到两个细胞里，所以每个子细胞内包含的染色体只有母细胞的一半。

这些"染色体数量不足"的细胞诞生的过程叫作"减数分裂"，与此相对，普通的分裂过程被称为"有丝分裂"。减数分裂产生的子细胞被称为"精细胞"和"卵细胞"，或者说雄性配子和雌性配子。

认真的读者或许会问，既然初始繁殖细胞分成了完全相同的两半，那么配子为何又有雌雄两种不同的特性呢？要解释这个问题，我们需要回头去看刚才我们对染色体的描述。我们说，每个活细胞拥有两套几乎完全相同的染色体，事实上，雌性动物体内的两套染色体的确完全相同，雄性动物的两套染色体却不太一样。这些特殊的染色体叫作性染色体，我们将它们分别标记为 X 和 Y。雌性体内的细胞总是拥有两条 X 染色体，而雄性则拥有一条 X 染色体和一条 Y 染色体。一条 X 染色体被换成了 Y 染色体，这就是性别差异的本质来源。

由于雌性动物储存的所有繁殖细胞都拥有两条 X 染色体，所以当这些细胞通过减数分裂一分为二的时候，生成的每个"半细胞"（或者说配子）都将得到一条 X 染色体；与此同时，每个雄性生殖细胞拥有一条 X 染色体和一条 Y 染色体，所以它分裂形成的两个配子将分别携带这两条不同的性染色体。

雄性配子（精子）通过受精过程与雌性配子（卵细胞）结合，由此形成的新细胞有 50% 的可能性拥有两条 X 染色体，还有 50% 的可能性拥有一条 X 染色体和一条 Y 染色体。如果是前面那种情况，受精卵就将发育成一个女孩，反之则是男孩。

遗传和基因

繁殖过程最重要的特征在于，父母双方的配子结合产生的新生物绝不会随随便便长大，它必将发育成父母（以及父母的父母）忠实（但并非全盘照抄）的复制品。

新生物的染色体必然有一半来自父亲，一半来自母亲。显然，父母双方的染色体肯定都包含着该物种的主要特征，但一些个性化的小特点可能来自父母亲之中的某一方。毫无疑问，长期来看，传承了无数代以后，各种动植物最基本的特征也可能发生变化（生命的演化确凿无疑地证明了这一点），但在有限的观察时间里，我们只能看到一些不太重要的特征发生一些轻微的变化。

大家都很熟悉的视力缺陷——色盲——就是个很好的例子。根据观察到的事实，我们知道：男性罹患色盲症的概率远高于女性；色盲男性与"正常"女性生下的孩子绝不会是色盲，但色盲女性与"正常"男性生下的儿子全都是色盲，女儿却不是。上述事实清晰地告诉我们，色盲的遗传与性别有关，我们只能假设，色盲是由染色体缺陷引起的，而且这种视力缺陷会和染色体一起代代相传。基于事实进行一定的逻辑推理以后，我们还可以进一步假设，色盲是由 X 性染色体的缺陷引起的。

色盲这一类的遗传特征需要两条染色体都受到影响才会表现出明显的性状，因此我们称之为"隐性遗传"。它可能通过一种隐藏的方式隔代相传，所以我们有时候会看到一些悲伤的事情，譬如说，两条漂亮的德国牧羊犬生出来的小狗看起来一点儿都不像它的父母。

显性遗传和隐性遗传正好相反，这类遗传特征只需要一条染色体受到影响就会表现出来。为了说明这种情况，我们暂且脱离现实，以一种虚构的奇怪兔子为例，它的耳朵长得跟米老鼠一样。如果"米老鼠耳朵"是一种显性遗传特征，也就是说，只要这只兔子的一条染色体出了问题，它的耳朵就会长成这种不体面（对兔子来说）的样子。

除了显性遗传和隐性遗传以外，还有一种"中性"遗传特征。假设我们的花园里种着红色和白色两种胭脂花，如果红花的花粉（植物的精细胞）被风或者昆虫传播到了另一株红花的雌蕊上，它将和雌蕊根部的胚珠（植物的卵细胞）结合，这样结出的种子开出的依然是红花。要是白花的花粉传给了另一株白花，它们的下一代开出的花朵也是白的。但是，如果白花的花粉落在了红花的雌蕊上，或者反之，最后结出的种子就会开出粉红色的花朵。不过我们很容易发现，粉红花的生物学性状并不稳定，它们的下一代继续保持粉红色的概率只有50%，还有25%的概率开出红花，25%的概率开出白花。

要解释这种情况，我们只需要假设这种植物细胞的一条染色体携带的颜色信息可能有两种（红色或白色），要让它开出纯色的花朵，两条染色体携带的颜色信息必须完全相同。如果一条染色体携带的信息是"红色"，另一条是"白色"，二者的冲突就会导致植物开出粉红色花朵。图27清晰地列出了"颜色染色体"在花朵后代中的分布，只消看一眼你就会发现，各种颜色出现的概率完全符合我们刚才的描述。除此以外，我们很容易证明，白色和粉红色胭脂花杂交的后代有50%的概率是粉红色，

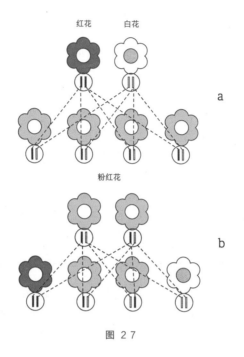

图 2 7

50%的概率是白色，但绝不会开出红花。以此类推，红色和粉红色胭脂花的后代有 50% 的概率是红色，50% 的概率是粉红色，但不会出现白色。近一个世纪前，谦逊的摩拉维亚神父格雷戈尔·孟德尔在布吕恩附近的修道院花园里种植豌豆的时候无意中发现了这样的遗传规律。

我们已经看到，新生命的染色体总是一半来自父亲，一半来自母亲。由于父母双方的染色体又分别来自祖父母和外祖父母，你也许会顺理成章地认为，对于父系和母系的祖辈，孙辈只能得到每边一位的染色体。但事实并非如此，有案例表明，孙辈个体有可能同时表现出四位祖辈的遗传性状。

难道我们刚才描述的染色体传递过程有什么不对？事实上，我们的描述一点儿都没错，只是需要做一点儿修正。我们应该考虑到，储存的繁殖细胞通过减数分裂形成两个配子，但在分裂开始之前，成对的染色体常常纠缠在一起，所以它们有可能产生部分的变换。这样的交叉混合（如图 28a、b 所示）会导致来自父母双方的基因序列发生混淆，从而产生混合的遗传性状。某些情况下（图 28c），单条染色体也可能缠绕成环，然后再重新散开，这也会造成基因顺序错乱。

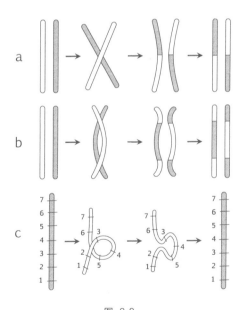

图 28

显然，一对染色体或单条染色体的基因移位，更可能改变那些原本隔得很远的基因的相对位置，紧挨在一起的基因受到的影响相对较小。这就像切牌会改变牌堆上半部分和下半部分的相对位置（原本位于牌堆上下两端的牌被叠到了一起），但原本紧挨在一起的牌只有两张被拆开了。

因此，在染色体交叉混合的过程中，如果我们观测到某两个遗传性状几乎总是一同改变，那么我们或许可以推测，它们背后的基因也总是紧挨在一起。反过来说，彼此独立、互不影响的性状在染色体上的位置必然隔得很远。

基因，"活的分子"

层层剥开生命体的复杂结构，现在我们似乎已经触摸到了生命的基本单元。事实上，我们已经看到，隐藏在细胞深处的基因控制着生命体的整个发育过程和成熟生命体的几乎所有性状；有人或许会说，动植物的每一个个体都是"围绕"基因生长的。

从玫瑰的香味到象鼻的形状，生物的所有特性都取决于微观的核心单元，那么这些核心单元到底有多大？要回答这个问题，我们只需要用一条普通染色体的体积除以它包含的基因数量。我们在显微镜下看到，染色体的平均厚度大约是1/1000毫米，这意味着它的体积约为

10~14 立方厘米。繁殖实验告诉我们，一条染色体控制的遗传性状多达几千种。用染色体的体积除以基因的数量，我们发现单个基因的尺寸应该不超过 10^{-17} 立方厘米。由于原子的平均体积约为 10^{-23} [$\approx$ (2×10^{-8})^3] 立方厘米，所以我们得出结论：每个独立基因大约由 100 万个原子组成。

我们也可以估算一下人体内所有基因的总重量。如上所述，成年人体内大约有 10^{14} 个细胞，每个细胞包含 46 条染色体。因此人体内所有染色体的总体积大约是 $10^{14} \times 46 \times 10^{-14} \approx 50$ 立方厘米；由于生物的密度和水差不多，所以这些染色体的重量不超过 2 盎司。相对于这些"核心单元"外部庞大的"封套"来说，这点儿重量微乎其微，因为动植物的体重是这个数的好几千倍，但这些小小的核心"从里面"控制着生物的每一个发育步骤和每一种性状，甚至还决定了生物的大部分行为。

但基因到底是什么？或许基因也是一种复杂的"动物"，我们可以继续将它拆分成更小的生物单元？这个问题的答案非常清晰：不行。基因的确是最小的生物单元。我们不但确信基因拥有生命区别于非生命的所有特征，还可以很有把握地说，它和非生命复杂分子（例如蛋白质分子）的关系也十分密切，这些分子完全遵循我们熟悉的普通化学定律。

换句话说，基因似乎是生命和非生命之间缺失的一环，我们在本章的开头设想过这种"活的分子"。

的确，从一方面来说，基因非常稳定，它能将物种的特性传承几千代，几乎不发生任何变化；从另一方面来说，单个基因包含的原子数量相对较少，我们很容易觉得它是一种设计得非常精密的结构，每个原子和原子团都有自己的位置。基因的不同特性造就了形形色色的生物，追根溯源，我们可以认为这些特性由其内部结构中原子的不同分布决定。

　　事实上，1902年，荷兰生物学家德弗里斯发现：生物的遗传性状常常发生跳跃性的自发变化，我们称之为"突变"。这是遗传学研究领域最重要的成果之一。如果你听说过查尔斯·达尔文的名字，那你大概知道，新生代的这种性状变化和物竞天择、适者生存的铁律共同促使物种不断演化；正是出于这个原因，几十亿年前统治自然界的简单软体动物才发展成了你这样能够读懂深奥书籍（譬如本书）的高智慧生物。

　　动植物繁殖环境的温度将直接影响它们的突变率，这个发现有力地支持了"突变"来自基因分子同分异构变化的观点。事实上，季默斐耶夫和齐默通过实验研究了温度对突变率的影响，结果发现，（排除了培养酶和其他因素的影响以后）和其他普通的分子反应一样，基因分子的突变也完全遵循基本的物理化学定律。这个重要的发现促使马克斯·德尔布吕克提出了一个划时代的观点：生物的突变现象实际上源自分子内部的同分异构变化，这是一个纯粹的物理化学过程。

基因理论的物理证据多不胜数，其中科学家利用 X 射线和其他辐射获得的证据尤为重要，不过，刚才我们介绍的内容应该足以说服读者：为"神秘的"生命现象寻找物理解释，目前的科学正在跨越这道门槛。

结束本章之前，我们还必须介绍一种名叫病毒的生物单元，它似乎以自由基因的形式存在，外面并未包裹一层细胞。直到不久前，生物学家仍相信，各种各样的细菌是最简单的生命形式；这些单细胞微生物在动植物的活组织中生长、繁殖，有时候还会导致各种疾病。比如说，显微研究表明，伤寒的病原体是一种体形细长的特殊细菌，它长约 3 微米（μm），宽约 1/2 微米；引发猩红热的细菌则是一种直径约 2 微米的球状细胞。但是，还有很多疾病我们无法通过显微观察找到正常细菌尺寸的病原体，譬如人类的流行性感冒和烟草的花叶病。这些"找不到细菌"的疾病由患者"传染"给健康个体的方式和其他普通的细菌性疾病没什么两样，而且这种"感染"会迅速扩散到患者全身，所以我们有理由假设，这些疾病应该是由某种生物性载体传播的，我们称之为"病毒"。

不过直到最近，得益于超显微技术的发展（利用紫外线），尤其是电子显微镜的发明（这种显微镜用电子束取代普通可见光，由此获得了高得多的放大倍数），微生物学家才第一次看到了曾经隐藏在迷雾中的病毒结构。

人们发现，病毒其实是各种各样的独立微粒，同种病毒尺寸完全相同，而且它们都比普通细菌小得多（图29）。比如说，流感病毒微粒是直径0.1微米的小球，而烟草花叶病毒微粒就像一根细长的棍子，它的长度是0.28微米，宽0.15微米。

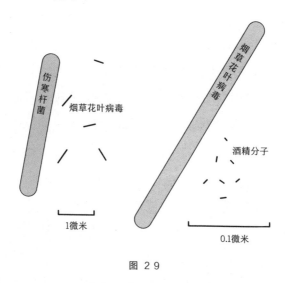

图 29

如下照片是烟草花叶病毒微粒的电子显微照片，这些微粒是我们已知最小的活单元。你应该记得，原子的直径大约是0.0003微米，那么烟草花叶病毒的宽度大约相当于50个原子，轴向长度相当于1000个原子，也就是说，一个这样的病毒包含的独立原子最多不超过几百万个！

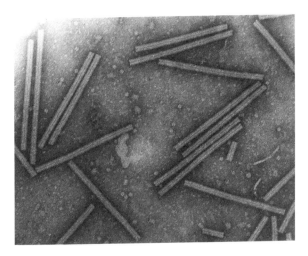

活的分子？这张照片是烟草花叶病毒微粒。

看到这个熟悉的数字，我们立即想到，单个基因拥有的原子不也是这么多吗？那么是不是有这样的可能性：病毒微粒或许是一种"自由基因"，它既不愿意附着在我们称之为染色体的长链上，也不想被臃肿的细胞原生质包裹。

事实上，病毒微粒的增殖过程看起来和细胞分裂时染色体翻倍的步骤一模一样：它们的整个身体会沿着长轴的方向裂开，由此产生两个全尺寸的病毒微粒。我们观察到的显然是一种基本的增殖过程（就像图30里假想的酒精分子"自发增殖"一样），病毒微粒复杂分子中的各种原子团吸引了周围环境中类似自身的原子团，然后将它们排列成和初始分子完全相同的结构。排列完成后，已经成熟的新分子就会和初始分子分离。事实上，这种原始活物似乎没有所谓的"生长"过程，新的个体只需要依附旧个体简单地"组装"起来。打个比方，这就像人类儿童依附于母亲体外生长，成年后他或她就会断开和母亲的联系，自己走开。（本书作者绝不会画这样的示意图，虽然他真的很想画。）不用说，这样的增殖过程只有在条件理想的特殊介质中才能完成；事实上，细菌自己就有原生质，但病毒微粒只有借助其他生物的活性原生质才能增殖，一般来说，这些小家伙非常"挑食"。

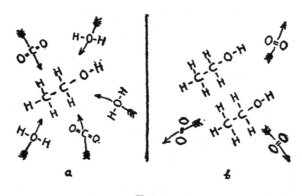

图 30
酒精分子利用水和二氧化碳生成另一个酒精分子的示意图。
如果酒精真能这样"自我繁殖"，我们就应该将它视为活物。

病毒还有另一个共同的特性：它们也会产生突变，突变后的个体也会将自己新获得的特征传给后代，整个过程完全符合我们熟悉的基因传递规则。事实上，生物学家能够区分同一种病毒的几种菌株，进而追踪它们的

"生长竞赛"。流感肆虐的时候，我们可以很有把握地说，带来疾病的肯定是一种新的突变型流感病毒，它发展出了一些新的恶毒特质，所以我们的身体来不及产生对应的免疫力。

我们通过前几页内容建立了一个坚定的理念：病毒微粒理应被视为活的个体。现在我们可以同样坚定地说，这些微粒也应该被视为正常的化学分子，因为它符合所有的物理化学定律。事实上，如果完全采用化学手段来研究病毒材料，你很容易发现，病毒应该被视为一种结构精妙的化合物，我们可以用处理其他复杂有机（但没有活性）化合物的手段来处理它们，这些微粒也能参加各种各样的置换反应。生物化学家早晚能写出每种病毒的化学式，就像今天我们写出酒精、甘油或者糖的化学式一样轻松，这基本是件板上钉钉的事情。更令人震惊的是，同一种病毒的微粒大小完全相同。

事实上，我们已经发现，在缺少食物的环境中，病毒微粒会自行排列成类似晶体的规律图样。比如说，所谓的"番茄丛矮病毒"会结晶形成漂亮的大块菱形十二面体！这种晶体完全可以和长石、岩盐一起摆进矿物学展示柜，但要是你把它放回番茄植株上，它又会变成一大群活生生的个体。

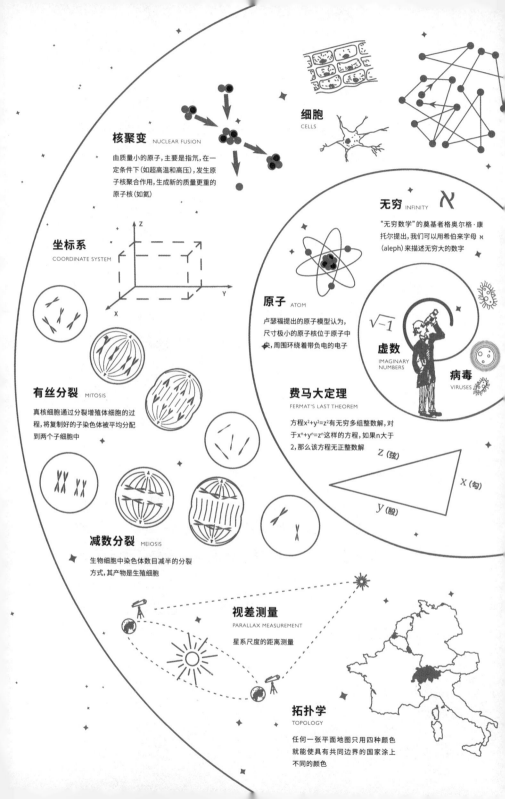

核聚变 NUCLEAR FUSION

由质量小的原子,主要是指氘,在一定条件下(如超高温和高压),发生原子核聚合作用,生成新的质量更重的原子核(如氦)

细胞
CELLS

无穷 INFINITY

"无穷数学"的奠基者格奥尔格·康托尔提出,我们可以用希伯来字母 ℵ (aleph)来描述无穷大的数字

坐标系
COORDINATE SYSTEM

原子 ATOM

卢瑟福提出的原子模型认为,尺寸极小的原子核位于原子中央,周围环绕着带负电的电子

$\sqrt{-1}$

虚数
IMAGINARY
NUMBERS

病毒
VIRUSES

有丝分裂 MITOSIS

真核细胞通过分裂增殖体细胞的过程,将复制好的子染色体被平均分配到两个子细胞中

费马大定理
FERMAT'S LAST THEOREM

方程$x^2+y^2=z^2$有无穷多组整数解,对于$x^n+y^n=z^n$这样的方程,如果n大于2,那么该方程无正整数解

Z (弦)

X (勾)

y (股)

减数分裂 MEIOSIS

生物细胞中染色体数目减半的分裂方式,其产物是生殖细胞

视差测量
PARALLAX MEASUREMENT

星系尺度的距离测量

拓扑学
TOPOLOGY

任何一张平面地图只用四种颜色就能使具有共同边界的国家涂上不同的颜色

布朗运动
BROWNIAN MOTION

微小粒子表现出的无规则运动。1827年英国植物学家R.布朗在花粉颗粒的水溶液中观察到花粉不停顿的无规则运动

元素周期表
THE PERIODIC TABLE

元素周期表是根据原子序数从小至大排序的化学元素列表，由俄国化学家门捷列夫(Dmitri Mendeleev)于1869年发明了第一张周期表

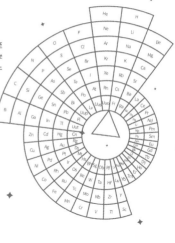

反物质 ANTIMATTER

物质和它的反物质相遇时，会发生湮灭

世界线
WORLD LINE

在三维坐标系中将两个轴取为空间坐标，第三个取为时间坐标，用来描述物体在四维时空中的运动轨迹(世界线)

受精卵形态改变
SCALE CHANGE OF FERTILIZED EGG

弯曲时空
FLECTION TIMESPACE

物体的质量使周围的时空弯曲，在物体(例如太阳)具有很大的相对质量时，这种弯曲可使从它旁边经过的任何其它事物，即使它是光线，也改变路径

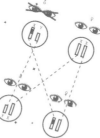

概率 PROBABILITY

抛硬币的次数越多，正反面的次数比越接近于1:1

核裂变 NUCLEAR FISSION

重的原子核(主要是指铀核或钚核)分裂成两个或多个质量较小的原子的一种核反应形式

色盲的遗传
HEREDITY OF COLOR BLINDNESS

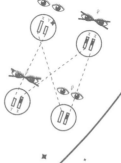

量子力学
QUANTUM MECHANICS

薛定谔的猫：将一只猫关在装有少量镭和氰化物的密闭容器里。镭的衰变存在几率，如果镭发生衰变，会触发机关打碎装有氰化物的瓶子，猫就会死；如果镭不发生衰变，猫就存活。由于放射性的镭处于衰变和没有衰变两种状态的叠加，猫就理应处于死猫和活猫的叠加状态。这只既死又活的猫就是所谓的"薛定谔的猫"

科学之美，映入眼帘

大科学家的科学课

乔治·伽莫夫

物理学家、天文学家，"大爆炸"理论推动者，提出了生物学的"遗传密码"理论，以及放射性量子论和原子核的"液滴"模型。

科普大师，一生共撰写 25 部科普作品，其中以《从一到无穷大》为代表作。

他的作品存世数十年，被译成十几种语言传至各国，启迪了无数热爱科学的年轻人走上科学的道路。

因为他在科普方面的成就，1956 年联合国教科文组织授予他卡林伽科普奖

阳曦

专注科普作品翻译与科幻文学创作。

在《科幻世界》等杂志发表多部原创作品，《环球科学》等杂志长期合作译者。

已出版译作《赶往火星》《消失的调羹》《他们应当行走》等。

从一到无穷大

作者 _ [美]乔治·伽莫夫　　译者 _ 阳曦

产品经理 _ 黄迪音　　装帧设计 _ 一线视觉

内文制作 _ 吴偲靓　　产品总监 _ 李佳婕　　技术编辑 _ 顾逸飞

责任印制 _ 刘淼　　出品人 _ 许文婷

鸣谢

陈悦桐

果麦
www.guomai.cc

以 微 小 的 力 量 推 动 文 明

图书在版编目（CIP）数据

从一到无穷大 / (美) 乔治·伽莫夫著；阳曦译
. -- 昆明：云南人民出版社，2022.9
ISBN 978-7-222-18469-5

Ⅰ.①从… Ⅱ.①乔… ②阳… Ⅲ.①自然科学—青
少年读物 Ⅳ.①N49

中国版本图书馆CIP数据核字(2022)第117925号

责任编辑：刘　娟
责任校对：和晓玲
责任印制：马文杰

从一到无穷大

CONG YI DAO WUQIONGDA

[美] 乔治·伽莫夫　著　阳曦　译

出　版	云南出版集团　云南人民出版社
发　行	云南人民出版社
社　址	昆明市环城西路 609 号
邮　编	650034
网　址	www.ynpph.com.cn
E-mail	ynrms@sina.com
开　本	880mm×1230mm　1/32
印　张	4.5
字　数	67 千字
版　次	2022 年 9 月第 1 版　2022 年 9 月第 1 次印刷
印　刷	河北鹏润印刷有限公司
书　号	ISBN 978-7-222-18469-5
定　价	39.00 元